"十三五"高等教育机电类专业规划教材

UG NX 10.0 项目教程
（含盘）

杨 斌 主 编

闫培泽　兰帅领　副主编

中国铁道出版社
CHINA RAILWAY PUBLISHING HOUSE

内 容 简 介

本书是一本 UG 案例教程，帮助读者迅速掌握 UG NX 10.0 各大核心技术，成为设计高手。随书配套光盘中提供了素材、效果、视频、课件和习题答案等。

本书内容丰富，语言通俗，实用性强，主要内容包括：UG NX 10.0 基本操作、绘制 UG 曲线与草图、创建简单 UG 基本特征、创建复杂 UG 实体模型、创建 UG 自由曲面对象、创建 UG 模型装配图、创建 UG 工程图纸、标注 UG 工程尺寸、绘制标准零件、绘制管类零件、绘制机械零件以及绘制产品零件，让读者学后可以快速提高 UG 水平，成为设计高手。

本书适合作为高等院校相关专业的教材，也可作为培训学校的培训教材，还可供三维机械设计人员、工程设计人员、模具设计人员、工艺品设计人员、电子产品设计人员以及注塑模具设计人员等 UG 的初、中级读者阅读。

图书在版编目（CIP）数据

UG NX 10.0 项目教程 / 杨斌主编. — 北京：中国铁道出版社，2016.10

"十三五"高等教育机电类专业规划教材

ISBN 978-7-113-21928-4

Ⅰ．①U… Ⅱ．①杨… Ⅲ．①计算机辅助设计－应用软件－高等学校－教材 Ⅳ．①TP391.72

中国版本图书馆 CIP 数据核字（2016）第 218361 号

书　　名：UG NX 10.0 项目教程（含盘）	
作　　者：杨　斌　主编	

策　　划：杜　茜	**读者热线**：（010）63550836
责任编辑：何红艳	
封面设计：付　巍	
封面制作：白　雪	
责任校对：汤淑梅	
责任印制：郭向伟	

出版发行：中国铁道出版社（100054，北京市西城区右安门西街 8 号）

网　　址：http://www.51eds.com

印　　刷：北京铭成印刷有限公司

版　　次：2016 年 10 月第 1 版　　　2016 年 10 月第 1 次印刷

开　　本：787 mm×1 092 mm　1/16　**印张**：17.75　**字数**：443 千

书　　号：ISBN 978-7-113-21928-4

定　　价：45.00 元（附赠光盘）

FOREWORD | 前　言

　　本书是一本 UG NX 10.0 模具设计快速学习教程，它提供了创建曲线与草图、实体建模、自由曲面、模型装配图、工程图纸、工程尺寸等功能，本书通过大量课件案例演练介绍其操作方法。UG 被广泛用于航空航天、自动化、机械、汽车、电子、钣金、模具、家用电子等制造行业，是目前应用最广泛的三维设计软件之一。

　　本书的特点在于项目教学法，以市场需求为基础、以岗位能力要求为依据，规划课程的构造体系，将课程内容分为三个模块对应三个教学阶段。第一个模块为 UG NX 10.0 的绘图基础，第二个模块为实体建模，第三个模块为零件绘图。本书包含 UG NX 10.0 基本操作、绘制 UG 曲线与草图、创建简单 UG 基本特征、创建复杂 UG 实体模型、创建 UG 自由曲面对象、创建 UG 模型装配图、创建 UG 工程图纸、标注 UG 工程尺寸、绘制标准零件、绘制管类零件、绘制机械零件、绘制产品零件等 12 个项目。本书从机械专业绘图的岗位需求出发，根据实际产品的设计思路和生产要求精心设计各个项目，将岗位能力所需的相关知识和技能整合起来，形成若干个相互独立又有内在联系的主题项目。从简单平面图形开始，逐步增加知识与技能的难度。各项目间形成梯度，相同难度的项目又有多个实训案例可供学生自主选择练习。学生围绕项目任务，通过教师传授知识和示范操作，完成对相关理论知识的学习并实现实践操作技能的提高，从而达到高级绘图员的岗位能力要求。在学习形式上，学生边动手、边思考、边学习，通过各种手段提高学生的学习兴趣和积极性，增强学生主动探究问题和练习实践的信心，提高学生的专业综合素质和能力。

　　本书由杨斌任主编，闫培泽、兰帅领任副主编。

　　由于时间仓促，加之编者水平有限，书中难免存在疏漏和不足之处，恳请读者提出宝贵的意见和建议。

编　者

2016 年 8 月

CONTENTS | 目 录

项目 1 UG NX 10.0 基本操作

项目导读

  Unigraphics（简称 UG）是美国 Siemens PLM Software 公司推出的 CAD/CAM/CAE 一体化软件，是当今世界最先进的计算机辅助设计和分析软件。在学习 UG 产品设计之前，首先需要掌握 UG NX 10.0 的工作界面，以及 UG 文件的基本操作等内容，然后学习坐标系与图层的操作方法，为后面学习 UG 软件奠定良好的基础。

任务 1　体验 UG NX 10.0 工作界面

任务描述

UG NX 10.0 不仅具有 UG 以前版本的各种强大功能，在工作环境上也有很大改善。本任务主要学习 UG NX 10.0 工作界面的各组成部分。

启动 UG NX 10.0 程序后，新建一个模型，即可进入其工作界面，如图 1-1 所示。

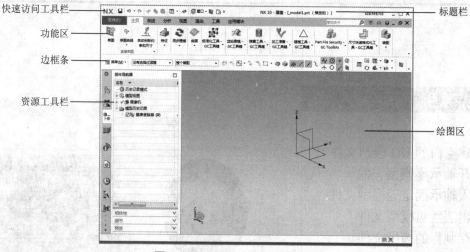

图 1-1　UG NX 10.0 工作界面

操作步骤

STEP 01 了解标题栏。

标题栏位于工作界面的最上方，其功能与常用软件的标题栏基本相同。单击标题栏右侧的按钮组 ─ ▫ ✕，可以最小化、最大化或关闭应用程序窗口。在标题栏上的空白处右击，在弹出的快捷菜单中可以执行最小化或最大化窗口、还原窗口、关闭窗口等操作。

STEP 02 了解快速访问工具栏。

快速访问工具栏位于工作界面的左上方，其包含了"保存""撤销""重做""剪切""复制"和"粘贴"等按钮，如图 1-2 所示。

图 1-2　快速访问工具栏

STEP 03 了解功能区。

功能区是按钮工具的集合，把鼠标指针移到某个按钮上，稍停片刻即在该按钮的一侧显示相对应的功能提示，单击按钮即可启动相应的命令。功能区包括"文件"下拉菜单（如图 1-3 所示）、"主页"选项卡（如图 1-4 所示）、"曲线"选项卡（如图 1-5 所示）、"分析"选项卡（如图 1-6 所示）、"视图"选项卡（如图 1-7 所示）、"渲染"选项卡（如图 1-8 所示）、

"工具"选项卡（如图 1-9 所示）、"应用模块"选项卡（如图 1-10 所示）。

图 1-3　"文件"下拉菜单

图 1-4　"主页"选项卡

图 1-5　"曲线"选项卡

图 1-6　"分析"选项卡

图 1-7　"视图"选项卡

图 1-8　"渲染"选项卡

图 1-9　"工具"选项卡

图 1-10　"应用模块"选项卡

STEP 04 了解边框条。

边框条位于功能区的下方，其中集合了菜单以及一系列的快捷按钮，如图 1-11 所示。

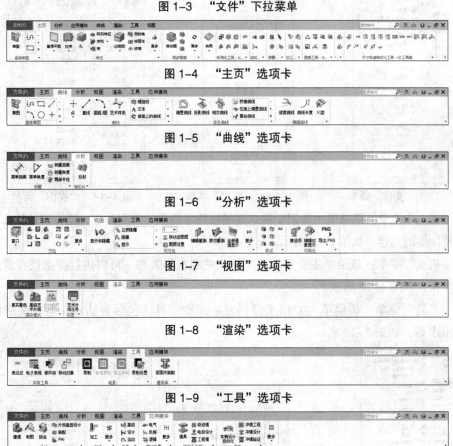

图 1-11　边框条

在边框条中单击"菜单"下拉按钮，弹出下拉列表框，在其中可以根据需要单击相应的命令执行操作。

各菜单的含义如下。

● "文件"菜单：该菜单主要用于模型文件的管理，包括新建、打开、保存、导入或导出文件等，如图 1-12 所示。

● "编辑"菜单：该菜单主要用于模型文件的设计更改，包括复制、删除、选择以及对象显示等，如图 1-13 所示。

● "视图"菜单：该菜单主要用于模型的显示控制，包括操作、可视化以及布局等，如图 1-14 所示。

图 1-12　"文件"菜单

图 1-13　"编辑"菜单　　　　图 1-14　"视图"菜单

● "插入"菜单：该菜单主要用于提供建模模块环境下的常用命令，进行设计特征或细节特征等的创建，如图 1-15 所示。

● "格式"菜单：该菜单主要用于模型格式的组织与管理，可以进行图层设置或分组等操作，如图 1-16 所示。

● "工具"菜单：该菜单主要用于提供复杂建模工具，包括表达式、电子表格以及重用库等，如图 1-17 所示。

图 1-15　"插入"菜单

图 1-16　"格式"菜单

图 1-17　"工具"菜单

- "装配"菜单：该菜单主要用于虚拟装配建模功能，包括关联控制和组件位置等功能，如图 1-18 所示。
- "信息"菜单：该菜单主要用于查询相关信息，包括对象、部件以及装配等信息，如图 1-19 所示。

图 1-18　"装配"菜单

图 1-19　"信息"菜单

- "分析"菜单：该菜单主要用于模型对象分析，包括几何属性分析和装配分析等，如图 1-20 所示。
- "首选项"菜单：该菜单主要用于参数预设置，包括用户界面和装配的预设置等，如图 1-21 所示。
- "窗口"菜单：该菜单主要用于进行图形窗口切换，可以进行新建、层叠以及平铺窗口等操作，如图 1-22 所示。

图 1-20　"分析"菜单

图 1-21　"首选项"菜单

图 1-22　"窗口"菜单

- "GC 工具箱"菜单：该菜单包括 GC 数据规范、齿轮建模、弹簧设计、加工准备、注释、尺寸、批量创建、部件文件加密，使用 GC 工具箱可以在进行产品设计时大大提高标准化程度和工作效率，如图 1-23 所示。
- "帮助"菜单：该菜单主要用于使用软件提供的帮助信息进行相应的操作，如图 1-24 所示。

图 1-23 "GC 工具箱"菜单

图 1-24 "帮助"菜单

操作技巧 👉

在使用菜单命令时，有以下几个方面需要注意。

● 如果命令后带有 ▶ 符号，则表示该命令下还有子命令。

● 如果命令后带有快捷键，则表示直接按快捷键也可以执行该命令。

● 如果命令后带有...符号，则表示执行该命令时会弹出一个对话框。

● 如果命令后带有组合键，则表示直接按组合键也可以执行该命令。

● 如果命令呈灰色状态，则表示该命令在当前状态下不可用。

STEP 05 了解绘图区。

绘图区是 UG 中绘图的主区域，任何操作都在绘图区中进行。在不同的制图模式下含义也有所不同，UG 的绘图区可以分为建模绘图区和草图绘图区，如图 1-25 所示。

STEP 06 了解资源工具栏。

资源工具栏主要用于显示过程监视及帮助等，主要包括"装配导航器""部件导航器""重用库""HD3D 工具""历史记录"和"加工向导"等多项内容。将鼠标指针移至资源工具栏中并单击相应的标签，即可弹出其资源窗口，图 1-26 所示为"部件导航器"资源窗口。

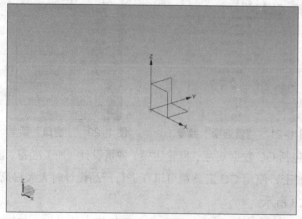

图 1-25 绘图区

图 1-26 "部件导航器"资源窗口

任务 2　掌握 UG NX 10.0 文件操作

　　UG NX 模型文件的操作包括新建、打开、导入、保存和关闭模型文件等，在 UG NX 10.0 中模型文件的操作功能是通过"文件"菜单来实现的。本任务主要学习 UG NX 10.0 文件操作的基本方法。

子任务 1　新建空白的 UG 模型文件

任务描述

　　在 UG NX 10.0 中创建模型，必须先新建模型文件。

操作步骤

STEP 01 在 UG NX 10.0 中，新建模型文件有以下 5 种方法。

- 命令 1：在界面上方功能区中，单击"文件"｜"新建"命令。
- 命令 2：单击"边框条"中的"菜单"｜"文件"｜"新建"命令。
- 按钮 1：单击快速访问工具栏中的"新建"按钮 。
- 按钮 2：单击功能区中的"新建"按钮 ，如图 1-27 所示。
- 快捷键：按【Ctrl + N】组合键。

STEP 02 使用以上任意一种方法，都可以弹出"新建"对话框，如图 1-28 所示。

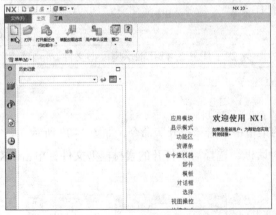

图 1-27　单击"新建"按钮

图 1-28　"新建"对话框

　　在"新建"对话框中，各主要选项的含义如下。

- "模板"选项区：该选项区主要用于设置新建文件的类型，如模型、图纸等。
- "过滤器"选项区：该选项区主要用于设置新建的模型文件单位，主要有毫米、英寸和全部 3 个选项。
- "预览"选项区：在该选项区中可以预览出新建的模型文件。

- "属性"选项区：在该选项区中显示了新建文件的名称、类型、单位、上次修改时间以及描述等信息。
- "新文件名"选项区：该选项区主要用于新建模型文件的文件名称和保存路径，可以直接输入或单击右侧的 按钮，在弹出的对话框中，设置文件名和保存文件夹即可。
- "要引用的部件"选项区：该选项区用于新建模型文件时，需要引用的部件文件。

操作技巧 👉

UG NX 10.0 中的文件操作与其他软件的操作略有不同，在新建模型文件时，必须先对文件进行命名保存，然后才能新建文件。

子任务 2　打开轴承座模型文件

任 务 描 述

当用户需要使用其他已经保存的 UG 模型文件时，可以选择需要的模型文件进行打开。

在 UG NX 10.0 中，打开模型文件有以下 5 种方法。

- 命令 1：单击"文件"｜"打开"命令。
- 命令 2：单击"边框条"中的"菜单"｜"文件"｜"打开"命令。
- 按钮 1：单击快速访问工具栏中的"打开"按钮 。
- 按钮 2：单击功能区中的"打开"按钮 。
- 快捷键：按【Ctrl ＋ O】组合键。

素材位置	光盘＼素材＼项目 1＼任务 2－ 子任务 2.prt
效果位置	无
视频位置	光盘＼视频＼项目 1＼任务 2＼子任务 2 打开轴承座模型文件 .mp4

操 作 步 骤

STEP 01 单击"文件"菜单，在弹出的菜单中单击"打开"命令，如图 1-29 所示。

STEP 02 执行操作后，弹出"打开"对话框，选择需要打开的素材模型文件，单击 OK 按钮，如图 1-30 所示。

图 1-29　单击"打开"命令

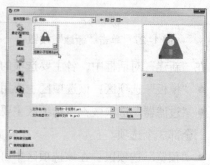

图 1-30　单击 OK 按钮

在"打开"对话框中，各主要选项的含义如下。

● "仅加载结构"复选框：选中该复选框，在打开一个模型文件时，仅加载模型文件的结构。

● "使用部分加载"复选框：选中该复选框，在打开一个模型文件时，可以部分加载文件。

● "预览"复选框：选中该复选框，即可显示所选文件中的内容。

图 1-31　素材模型

STEP 03 执行操作后，即可打开一幅模型文件，效果如图 1-31 所示。

子任务 3　导入轴承固定盖模型文件

任 务 描 述

使用"导入"命令，可以将已经存在的 UG 模型文件中的所有模型数据导入内存。

在 UG NX 10.0 中，导入文件有以下两种方法。

● 命令 1：单击"文件" | "导入"命令中的子命令。

● 命令 2：单击"菜单" | "文件" | "导入"命令中的子命令。

素材位置	光盘 \ 素材 \ 项目 1\ 任务 2- 子任务 3.cgm
效果位置	光盘 \ 效果 \ 项目 1\ 任务 2- 子任务 3.prt
视频位置	光盘 \ 视频 \ 项目 1\ 任务 2\ 子任务 3 导入轴承固定盖模型文件 .mp4

操 作 步 骤

STEP 01 单击"文件" | "新建"命令，新建一个空白模型文件，如图 1-32 所示。

STEP 02 单击"文件" | "导入" | CGM 命令，如图 1-33 所示。

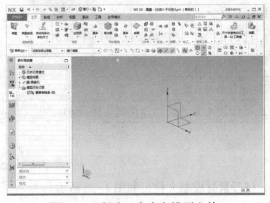

图 1-32　新建一个空白模型文件

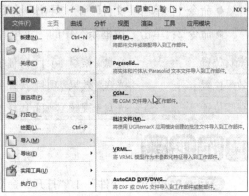

图 1-33　单击 CGM 命令

操作技巧 👉

在 UG NX 10.0 中，用户可以根据需要，导入各种类型的文件，如 UG 的部件、批注文件、STL 文件等。用户在导入 UG 模型文件时，导入的模型文件尺寸单位必须和当前模型文件的尺寸单位一致，否则会导入失败。

STEP 03 执行操作后，弹出"导入 CGM 文件"对话框，如图 1-34 所示，选择需要导入的模型文件，单击 OK 按钮。

STEP 04 执行操作后，即可导入 CGM 模型文件到界面中，效果如图 1-35 所示。

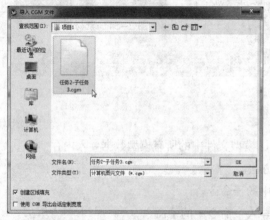

图 1-34　选择需要导入的模型文件

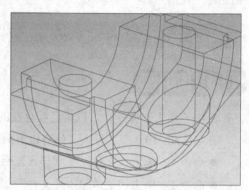

图 1-35　导入 CGM 模型文件

子任务 4　导出法兰盘模型文件

任 务 描 述

使用"导出"命令，可以将现有的模型导出为 UG NX 10.0 支持的其他类型的文件，还可以将其直接导出为图片格式文件。

在 UG NX 10.0 中，导出文件有以下两种方法。

● 命令 1：单击"文件" | "导出"命令中的子命令。

● 命令 2：单击"边框条"中的"菜单" | "文件" | "导出"命令中的子命令。

素材位置	光盘\素材\项目 1\任务 2- 子任务 4.prt
效果位置	光盘\效果\项目 1\任务 2- 子任务 4.pdf
视频位置	光盘\视频\项目 1\任务 2\子任务 4 导出法兰盘模型文件 .mp4

操 作 步 骤

STEP 01 单击"文件" | "打开"命令，打开素材模型文件，如图 1-36 所示。

STEP 02 单击"文件" | "导出" | PDF 命令，如图 1-37 所示。

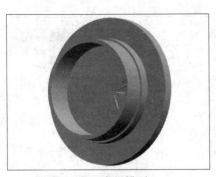

图 1-36　素材模型

图 1-37　单击相应的命令

STEP 03 执行操作后，弹出"导出 PDF"对话框，单击"浏览"按钮 ，如图 1-38 所示。

STEP 04 弹出"PDF 文件名"对话框，设置文件名和保存路径，单击 OK 按钮，如图 1-39 所示。

图 1-38　单击"浏览"按钮

图 1-39　单击 OK 按钮

操作技巧 👉

　　在"导出 PDF"对话框中，如果不需要导出 PDF 文件了，此时可以单击对话框右上角的"关闭"按钮，或者单击下方的"取消"按钮，取消模型文件的导出操作。

STEP 05 执行操作后，返回到"导出 PDF"对话框，单击"确定"按钮，执行操作后，即可导出文件。

子任务 5　保存制作的模型文件

任务描述

　　在 UG NX 10.0 中，用户可以在新建文件之前保存文件，或另存为文件，以便在建模过程中可以对文件及时进行保存。本任务学习保存模型文件的操作方法。

图 1-40　单击"保存"命令

操 作 步 骤

STEP 01 在 UG NX 10.0 中，保存文件有以下 8 种方法。

- 命令 1：单击"文件"｜"保存"｜"保存"命令，如图 1-40 所示，可以直接保存模型文件。
- 命令 2：单击"文件"｜"保存"｜"仅保存工作部件"命令，可以只保存工作部件。
- 命令 3：单击"文件"｜"保存"｜"全部保存"命令，可以保存所有打开的文件。
- 命令 4：单击"文件"｜"保存"｜"保存书签"命令，可以将文件保存为 PLMXML 格式。
- 命令 5：单击"菜单"｜"文件"命令中相应的子命令。
- 快捷键 1：按【Ctrl + S】组合键。
- 快捷键 2：按【Ctrl + Shift + S】组合键。
- 按钮：单击快速访问工具栏的"保存"按钮 。

STEP 02 在 UG NX 10.0 中，若文件从未进行过保存，单击相应的保存命令时，将弹出"命名部件"对话框，如图 1-41 所示，在其中对部件进行命名。若对文件进行另存为时，将弹出"另存为"对话框，如图 1-42 所示，其中可以设置文件名和保存路径。

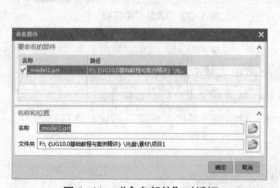
图 1-41　"命名部件"对话框

图 1-42　"另存为"对话框

子任务 6　关闭不用的模型文件

任 务 描 述

在 UG NX 10.0 中，当用户编辑好当前模型文件后，用户可以将其关闭，以节省磁盘运行空间，提高计算机的运行速度。本任务学习关闭暂时不需要使用的模型文件的操作方法。

操 作 步 骤

STEP 01 关闭模型文件的方法主要有以下 9 种。

- 命令 1：单击"文件"｜"关闭"｜"选定的部件"命令，如图 1-43 所示，可以关闭用户当前选择的部件。
- 命令 2：单击"文件"｜"关闭"｜"所有部件"命令，可以关闭所有的部件。
- 命令 3：单击"文件"｜"关闭"｜"保存并关闭"命令，可以对文件进行保存并关闭。
- 命令 4：单击"文件"｜"关闭"｜"另存并关闭"命令，可以对文件重新指定保存路径并关闭。
- 命令 5：单击"文件"｜"关闭"｜"全部保存并关闭"命令，可以将当前打开的所有部件一起保存并关闭，但不退出 UG NX 10.0。
- 命令 6：单击"文件"｜"关闭"｜"全部保存并退出"命令，可以将当前打开的所有部件进行保存，并退出 UG NX 10.0。
- 命令 7：单击"菜单"｜"文件"｜"关闭"命令中的子命令，如图 1-44 所示，也可以关闭模型文件。

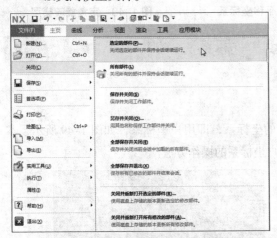

图 1-43　单击"选定的部件"命令　　　　图 1-44　"关闭"命令中的子命令

- 按钮：单击功能区最右侧的"关闭"按钮⊠，可以关闭当前部件。
- 快捷键：按【Ctrl + F4】组合键。

STEP 02 使用任意一种方法均可对文件进行关闭，在关闭模型文件时，若模型文件没有保存，将弹出信息提示框，如图 1-45 所示，提示用户是否保存模型文件对象。

图 1-45　信息提示框

任务3　熟悉 UG NX 10.0 坐标系操作

　　UG 所涉及的尺寸和定位等问题都需要由坐标系来确定。常用的坐标系有两种形式，分别是 WCS 坐标系和绝对坐标系。其中，WCS 坐标系是系统提供给用户的坐标系，用户可以根据需要任意地移动或旋转坐标系，也可以隐藏坐标系；绝对坐标系是系统默认的坐标系，用户不能对其进行更改。坐标系的方向一般都遵循右手螺旋法则。

　　本任务具体通过"原点"命令、"动态"命令以及"旋转"命令，对创建的模型调整其坐标系的显示位置，如图 1-46 ~ 图 1-48 所示，以方便用户更好地查看模型文件，掌握实体模型的坐标系显示操作。

图 1-46　创建用户坐标系

图 1-47　平移坐标系

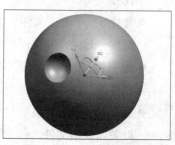

图 1-48　定角旋转模型

子任务 1　创建皮带轮模型的用户坐标系

任务描述

　　在 UG NX 10.0 中，用户可以创建自定义的坐标系，即用户坐标系，如图 1-49 所示，本任务学习通过"原点"和"显示"命令创建用户坐标系的操作方法。

图 1-49　创建用户坐标系

素材位置	光盘 \ 素材 \ 项目 1\ 任务 3- 子任务 1.prt
效果位置	光盘 \ 效果 \ 项目 1\ 任务 3- 子任务 1.prt
视频位置	光盘 \ 视频 \ 项目 1\ 任务 3\ 子任务 1 创建皮带轮模型的用户坐标系 .mp4

操作步骤

STEP 01 按【Ctrl＋O】组合键，打开素材模型文件，如图 1-50 所示。

STEP 02 单击"菜单"｜"格式"｜WCS｜"原点"命令，如图 1-51 所示。

图 1-50　素材模型

图 1-51　单击相应的命令

STEP 03 弹出"点"对话框，在绘图区中的圆心点上单击，如图 1-52 所示。

STEP 04 单击"确定"按钮，即可创建坐标系，然后单击"菜单"｜"格式"｜WCS｜"显示"命令，如图 1-53 所示，执行操作后，即可显示创建的坐标系。

图 1-52　单击

图 1-53　单击"显示"命令

子任务 2　平移坐标系显示盘类零件

任务描述

平移坐标系是指在 XC、YC 和 ZC 三个方向上移动坐标系，如图 1-54 所示，本任务学习通过"动态"命令平移坐标系的操作方法。

素材位置	光盘 \ 素材 \ 项目 1\ 任务 3- 子任务 2.prt
效果位置	光盘 \ 效果 \ 项目 1\ 任务 3- 子任务 2.prt
视频位置	光盘 \ 视频 \ 项目 1\ 任务 3\ 子任务 2 平移坐标系显示盘类零件 .mp4

图 1-54　平移坐标系的模型

操　作　步　骤

STEP 01 按【Ctrl＋O】组合键，打开素材模型文件，如图 1-55 所示。

STEP 02 单击"菜单"｜"格式"｜WCS｜"动态"命令，如图 1-56 所示。

图 1-55　素材模型

图 1-56　单击"动态"命令

STEP 03 执行操作后，可以显示动态坐标系，如图 1-57 所示。

STEP 04 选择坐标系的原点，拖动，可以平移坐标系的位置，如图 1-58 所示。

图 1-57　显示动态坐标系

图 1-58　平移坐标系的位置

STEP 05 如果选择移动柄，则会显示动态输入框，如图 1-59 所示。

STEP 06 可以在"距离"文本框中设置移动距离，在"捕捉"文本框中设置捕捉单位，按【Enter】键，即可平移坐标系的显示位置，效果如图 1-60 所示。

图 1-59　显示动态输入框

图 1-60　平移坐标系的显示位置

操作技巧 👉

　　在动态输入框的"捕捉"文本框中，输入相应的数值，表示在多少个单位内捕捉一次。例如，输入 4.0，表示每隔 4 个单位捕捉一次。

子任务 3　定角旋转显示滚球模型

任 务 描 述

　　定角旋转坐标系是指通过指定旋转方向和旋转角度，来定义坐标系的旋转效果。通过"旋转"命令旋转坐标系，效果如图 1-61 所示。

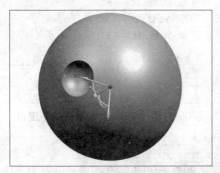

图 1-61　旋转坐标系的模型

素材位置	光盘 \ 素材 \ 项目 1\ 任务 3- 子任务 3.prt
效果位置	光盘 \ 效果 \ 项目 1\ 任务 3- 子任务 3.prt
视频位置	光盘 \ 视频 \ 项目 1\ 任务 3\ 子任务 2 平移坐标系显示盘类零件 .mp4

操 作 步 骤

STEP 01 按【Ctrl ＋ O】组合键，打开素材模型文件，如图 1-62 所示。

STEP 02 单击"菜单"｜"格式"｜WCS｜"旋转"命令，如图 1-63 所示。

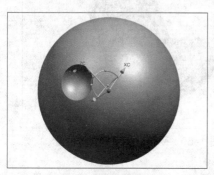

图 1-62　素材模型

图 1-63　单击"旋转"命令

STEP 03 执行操作后，弹出"旋转 WCS 绕..."对话框，如图 1-64 所示。

STEP 04 在该对话框中可以选择任意一个旋转轴作为坐标系的旋转方向，在"角度"文本框中可以设置旋转的角度值，如图 1-65 所示，单击"确定"按钮，即可将坐标系旋转到指定的位置。

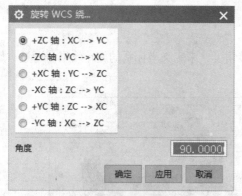

图 1-64　弹出"旋转 WCS 绕..."对话框

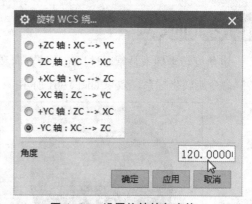

图 1-65　设置旋转的角度值

操作技巧 👉

在"旋转 WCS 绕..."对话框中，用户可以根据需要选择一个任意的旋转轴作为坐标系的旋转方向，然后在下方设置"角度"参数，单击"确定"按钮即可。

子任务 4　动态旋转显示滚球模型

任 务 描 述

在 UG NX 10.0 工作界面中，动态旋转坐标系与动态平移坐标系的操作相似，本任务学习动态旋转坐标系的操作方法。

操 作 步 骤

STEP 01 单击"菜单"｜"格式"｜WCS｜"动态"命令，如图 1-66 所示。

STEP 02　此时在视图中会显示动态坐标系。选择坐标系旋转柄，则会显示动态输入框，如图 1-67 所示。可以在"角度"文本框中设置坐标系的旋转角度，在"捕捉"文本框中输入捕捉的单位角度，按【Enter】键确认，即可完成动态旋转坐标系的操作。

图 1-66　单击"动态"命令

图 1-67　动态输入框

任务 4　掌握图层基本操作

　　图层用于在空间使用不同的层次时放置几何体，相当于传统设计者使用的透明图纸。图层基本操作包括创建和编辑工作图层组、设置工作图层、图层的视图可见性、移动对象到图层和复制对象到图层等。

　　本任务具体通过"图层类型"命令、"图层设置"命令以及"视图中可见图层"命令，对创建的模型调整其图层属性，如图 1-68 和图 1-69 所示。

图 1-68　编辑零件模型图层组

图 1-69　移动和复制图层

子任务 1　创建与编辑零件模型图层组

任务描述

　　在 UG NX 10.0 中，可以将图层组合成图层组，以便对其进行管理，也方便对模型进行统一编辑操作。

素材位置	光盘 \ 素材 \ 项目 1\ 任务 4- 子任务 1.prt
效果位置	光盘 \ 效果 \ 项目 1\ 任务 4- 子任务 1.prt
视频位置	光盘 \ 视频 \ 项目 1\ 任务 4\ 子任务 1 创建与编辑零件模型图层组 .mp4

操 作 步 骤

STEP 01 按【Ctrl + O】组合键，打开素材模型文件，如图 1-70 所示。

STEP 02 单击"菜单"｜"格式"｜"图层类别"命令，如图 1-71 所示。

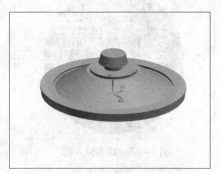

图 1-70　素材模型

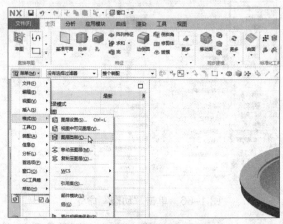

图 1-71　单击"图层类别"命令

STEP 03 弹出"图层类别"对话框，在"类别"文本框中，输入名称 cengzu，单击"创建/编辑"按钮，如图 1-72 所示。

STEP 04 弹出"图层类别"对话框，在"过滤器"列表框中，选择 ALL 选项，单击"添加"按钮，如图 1-73 所示。

图 1-72　单击"创建/编辑"按钮

图 1-73　单击"添加"按钮

STEP 05 单击"确定"按钮，返回到"图层类别"对话框，即可创建图层组，如图 1-74 所示。

STEP 06 在"过滤器"列表框中，选择新创建的图层组，单击"创建/编辑"按钮，弹出"图层类别"对话框，在"过滤器"列表框中，选择 cengzu 选项，在"图层"下拉列表框中，选择"3 夹角"选项，如图 1-75 所示。

图 1-74　创建图层组

图 1-75　选择"3 夹角"选项

STEP 07 依次单击"移除"和"确定"按钮，返回到"图层类别"对话框，单击"确定"按钮，即可编辑图层组。

子任务 2　设置零件模型图层

任务描述

图层是 UG 建模的时候，为了方便各个实体以及建立实体所做的辅助图线、面、实体等之间的区分而采用的。一个图层类似于一个透明覆盖层，不同的是在图层上可以表示三维图形。本任务学习设置零件模型图层的操作方法。

操作步骤

STEP 01 以上例图 1-70 的素材模型为例，单击"菜单"|"格式"|"图层设置"命令，如图 1-76 所示。

STEP 02 弹出"图层设置"对话框，在"名称"下拉列表框中选择相应的图层名称选项，右击，在弹出的快捷菜单中，选择"添加到类别"|"新建类别"选项，如图 1-77 所示。执行操作后，即可设置图层的属性参数。

操作技巧 ☞

在"图层设置"对话框中，可以对所有的图层或任意一层进行可选择性、可见性等属性设置，还可以进行信息查询，对图层所属的种类进行编辑等设置。

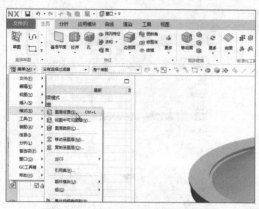
图 1-76　单击"图层设置"命令

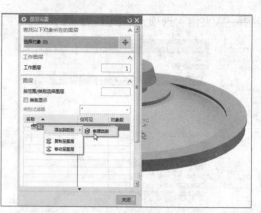
图 1-77　选择"新建类别"选项

子任务 3　设置基本图形的图层可见性

任 务 描 述

在 UG NX 10.0 工作界面中制作模型文件时，可以对图层的可见性进行设置，包括显示与隐藏图层对象。

操 作 步 骤

STEP 01 单击"格式"｜"视图中可见图层"命令，弹出"视图中可见图层"对话框，如图 1-78 所示。

STEP 02 在列表框中选择目标图层，单击"确定"按钮，此时系统将弹出第二级"视图中可见图层"对话框，如图 1-79 所示。在"图层"列表框中选择目标图层，单击"可见"或"不可见"按钮，即可将图层设置为可见或不可见。

图 1-78　"视图中可见图层"对话框

图 1-79　第二级"视图中可见图层"对话框

操作技巧 ☞

除了运用上述方法可以弹出"视图中可见图层"对话框外，按【Ctrl + Shift + V】组合键，也可以快速弹出"视图中可见图层"对话框。

子任务 4　移动和复制零件模型的图层

任 务 描 述

移动图层是指将选定的对象从原图层移动到指定的图层中，原图层中不再包含这些对象。复制图层是指将选定的对象从原图层复制一个备份到指定的图层，原图层和目标图层中都包含这些对象。

素材位置	光盘 \ 素材 \ 项目 1\ 任务 4- 子任务 4.prt
效果位置	光盘 \ 效果 \ 项目 1\ 任务 4- 子任务 4.prt
视频位置	无

操 作 步 骤

STEP 01 单击"菜单"｜"格式"｜"移动至图层"命令，弹出"类选择"对话框，在绘图区中，选择模型对象，如图 1-80 所示。单击"确定"按钮，

STEP 02 弹出"图层移动"对话框，在"图层"列表框中，选择第 1 个选项，单击"确定"按钮，如图 1-81 所示。

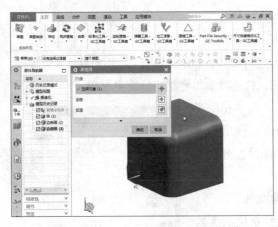

图 1-80　选择模型对象

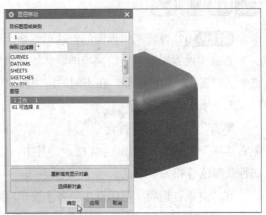

图 1-81　单击"确定"按钮 1

STEP 03 执行操作后，即可移动图层对象。单击"菜单"｜"格式"｜"复制至图层"命令，如图 1-82 所示。弹出"类选择"对话框，

STEP 04 在绘图区中，选择模型对象，单击"确定"按钮，弹出"图层复制"对话框，在"图层"列表框中，选择第 1 个选项，单击"确定"按钮，如图 1-83 所示，即可复制图层对象。

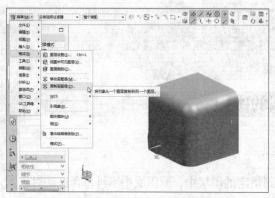

图 1-82　单击"复制至图层"命令　　　　图 1-83　单击"确定"按钮 2

任务5　设置首选项参数与工作界面

任务描述

　　第一次进入 UG NX 10.0 建模模块时，会发现界面中有许多功能并不需要，而所需的功能在菜单和工具栏里却找不到。由于 UG NX 10.0 功能强大，且每个用户都不能用到所有的功能，在默认界面下列出的仅是一般实体建模用户常用的功能。因此在使用 UG 之前，有必要根据自己的需要对工具栏和菜单栏进行用户化定制，以便日后使用。本任务学习软件的首先项参数与工作界面的设置技巧。

操作步骤

STEP 01 设置工作界面的首选项参数。

　　首选项设置用来对一些模块的默认控制参数进行设置，如定义新对象、用户界面、资源板、选择、可视化，调色板等。在不同的应用模块下，首选项菜单会相应地发生改变。

　　1. 对象参数设置

　　单击"菜单"｜"首选项"｜"对象"命令，弹出"对象首选项"对话框，如图 1-84 所示，其中可以预设置对象的属性及颜色等相关参数。

　　在"对象首选项"对话框中，各主要选项含义如下。

- 工作图层：用于设置新对象的存储图层，系统默认的工作图层是 1，当输入新的图层序号时，系统会自动将新创建的对象存储在新图层中。
- 类型：指对象的类型，单击下拉按钮 会弹出"类型"下拉列表框，里面包含了默认、直线、圆弧、二次曲线、样条、实体以及片体等，用户可根据需要选取不同的类型。
- 颜色：用于设置对象的颜色，单击颜色右侧的颜色图标

图 1-84　"对象首选项"对话框

　　，系统弹出"颜色"对话框，如图 1-85 所示，在其中选择需要的颜色再单击"确定"按钮即可。

- 线型：用于设置对象的线型，单击"线型"右侧的下拉按钮 ，弹出"线型"下拉列表框，里面包含了实体、虚线、双点画线、中心线、点线、长画线和点画线，用户可以根据需要选取线型。

图 1-85　"颜色"对话框

- 宽度：用于设置对象的线宽，单击"宽度"右侧的下拉按钮 ，弹出"宽度"下拉列表框，里面包含了细线宽度、正常宽度及粗线宽度等，用户可以根据需要选取不同的线宽。

2. 用户界面设置

单击"菜单" | "首选项" | "用户界面"命令，弹出"用户界面首选项"对话框，如图 1-86 所示，其中包含了 7 种选项卡：布局、主题、资源条、接触、角色、选项和工具等。

图 1-86　"用户界面首选项"对话框

操作技巧 👉

　　除了上述方法可以对"首选项"进行设置，用户还可以在功能区中单击"文件" | "首选项"命令的子命令进行设置。

3. 选择设置

单击"菜单" | "首选项" | "选择"命令，如图 1-87 所示，弹出"选择首选项"对话框，如图 1-88 所示。

在"选择首选项"对话框中，各选项卡的含义如下。

- 多选："鼠标手势"线型表示指定框选时用矩形还是多边形；"选择规则"选项表示指定框选时哪部分的对象将被选中。
- 高亮显示："高亮显示滚动选择"选项用于设置是否高亮显示滚动选择；"滚动延迟"选项用于设置延迟时间；"用粗线条高亮显示"选项用于设置是否用粗线高亮显示对象；"高亮显示隐藏边"选项用于设置是否高亮显示隐藏边；"着色视图"选项用于设置着色视图时是高亮显示面还是高亮显示边；"面分析视图"选项用于设置分析显示时是高亮显示面还是高亮显示边。
- 快速拾取："延迟时快速拾取"决定鼠标延迟选择时，是否进行快速选择；"延迟"选项用于设置延迟多长时间进行快速选择。

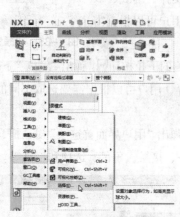

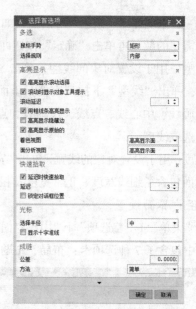

图 1-87　单击"选择"命令　　　　图 1-88　"选择首选项"对话框

- 光标："选择半径"选项用于设置选择球的半径大小，分为大、中、小 3 个等级；选中"显示十字准线"复选框，将显示十字光标。
- 成链：用于成链选择的设置。

4. 背景设置

背景设置经常用到，UG NX 10.0 将其从"可视化"选项中独立到"首选项"菜单中，便于用户使用。单击"菜单"｜"首选项"｜"背景"命令，弹出"编辑背景"对话框，如图 1-89 所示，该对话框分为两个视图设置，分别是"着色视图"和"线框视图"的设置。着色视图是指对着色视图工作区背景的设置，背景有两种模式，分别为"纯色"和"渐变"。"纯色"模式用单颜色显示背景，"渐变"模式用两种颜色渐变显示，当选中"渐变"单选按钮后，"顶部"和"底部"选项会被激活，在其中单击"顶部"或"底部"后的颜色图标，弹出"颜色"对话框，在其中选择颜色来设置顶部或底部的颜色。

线框视图是指对线框视图工作区背景的设置，也有两种模式，分别为"纯色"和"渐变"。此外，在"普通颜色"选项区中，单击最右端的颜色图标 ，也可弹出"颜色"对话框，如图 1-90 所示，可以设置不是渐变的普通背景颜色。在对话框的最下端，单击"默认渐变颜色"按钮，可以将背景的着色视图和线框视图设置为默认的渐变颜色，即是在浅蓝色和白色间渐变的颜色。

图 1-89　"编辑背景"对话框　　　　图 1-90　"颜色"对话框

操作技巧 👉

　　在本书中本软件的"着色视图"和"线框视图"全部设置为"纯色",且"普通颜色"设置为白色。

STEP 02 设置个性化的用户工作界面。

　　工作界面是设计者与 UG NX 10.0 系统的交流平台,如何能够简易、快速地定制可操作性强的工作界面以及如何能够熟练使用这些操作来解决应急问题,是很多初级用户所面临的问题。

　　单击"工具"|"定制"命令,弹出"定制"对话框,其中,"命令""选项卡/条""图标/工具提示"选项卡分别如图 1-91 ~ 图 1-93 所示,在其中进行相应的设置即可定制工作界面。在"定制"对话框中单击"键盘"按钮,将弹出"定制键盘"对话框,如图 1-94 所示,在其中可以定制快捷键。

图 1-91　"命令"选项卡　　　　　　　图 1-92　"选项卡/条"选项卡

图 1-93　"图标/工具提示"选项卡　　　图 1-94　"定制键盘"对话框

STEP 03 设置工作界面的基本参数。

　　基本环境参数设置包括常规选项、用户界面、对象、对象显示、工作平面、导航器、基本光源等的设置。UG 提供了两处用于定义环境控制参数的命令,分别是"用户默认设置"对话框和"首选项"菜单中的命令,不同的命令具有不同的优先权及控制范围。用户默认设置的设定对各部件文件均有效,但其偏重于基本环境的设置。而"首选项"菜单中的命令,绝大多数只对当前进程有效,当退出软件后将恢复到默认设置。

单击"文件" | "实用工具" | "用户默认设置"命令，弹出"用户默认设置"对话框，如图 1-95 所示，该对话框中包含了基本环境和各应用模块的各类参数设置。

图 1-95 　"用户默认设置"对话框

项 目 小 结

本项目主要学习了 UG NX 10.0 工作界面的各组成部分，介绍 UG NX 10.0 模型文件的基本操作，对坐标系的创建、平移和旋转也有了一定的了解，本项目还学习了图层的创建、编辑、设置、移动和复制操作，方便用户更好地编辑模型文件，最后对软件的首选项参数和工作界面的个性化定制做了简单介绍。

课 后 习 题

鉴于本项目知识的重要性，为帮助用户更好地掌握所学知识，通过课后习题对本项目内容进行简单的知识回顾。

素材位置	光盘 \ 素材 \ 项目 1\ 课后习题 .prt
效果位置	光盘 \ 效果 \ 项目 1\ 课后习题 .prt
学习目标	通过"原点""显示"命令，掌握用户坐标系的创建操作。

本习题需要创建用户坐标系，素材如图 1-96 所示，最终效果如图 1-97 所示。

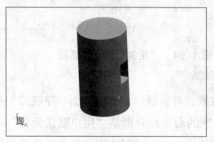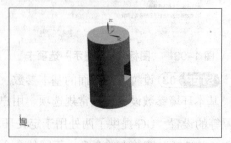

图 1-96 　素材模型 　　　　　　　　　图 1-97 　创建用户坐标系后的效果图

项目 **2** 绘制 UG 曲线与草图

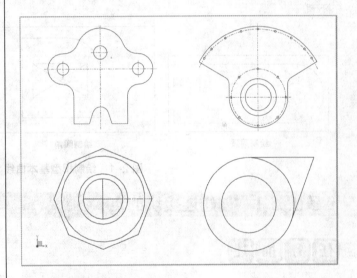

项目导读

在 UG NX 10.0 中，曲线是建立模型的基础。曲线的绘制主要是创建 UG NX 10.0 中的基本曲线、点、点集、多边形曲线、二次曲线、样条曲线、规律曲线和螺旋线等。本项目主要学习绘制曲线对象的操作方法。

任务 1 绘制模型基本曲线

UG NX 10.0 中的基本曲线包括点和点集、直线、圆、圆弧和圆角的绘制，用户可以通过 UG NX 10.0 中的绘图工具，在绘图区中绘制图形。

本任务创建如图 2-1 所示的多个模型，具体通过"点"命令、"圆"命令、"直线"命令、"圆弧/圆"命令、"圆角"命令以及"点集"命令创建模型的效果，掌握基本曲线的创建方法。

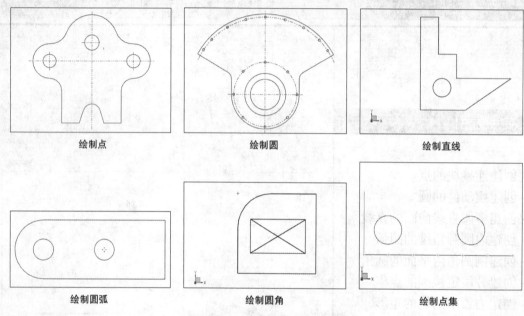

绘制点　　　　　　　绘制圆　　　　　　　绘制直线

绘制圆弧　　　　　　绘制圆角　　　　　　绘制点集

图 2-1　绘制模型基本曲线

子任务 1 创建连接块的点

任务描述

在 UG NX 10.0 中，作为节点或参照几何图形的点对象，对于对象捕捉和相对偏移是非常有用的。本任务创建如图 2-2 所示的连接块草图的点。

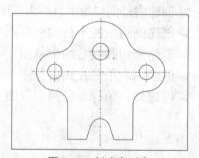

图 2-2　创建点对象

素材位置	光盘 \ 素材 \ 项目 2\ 任务 1– 子任务 1.prt
效果位置	光盘 \ 效果 \ 项目 2\ 任务 1– 子任务 1.prt
视频位置	光盘 \ 视频 \ 项目 2\ 任务 1\ 子任务 1 创建连接块的点 .mp4

操 作 步 骤

STEP 01 按【Ctrl + O】组合键，打开素材模型文件，如图 2-3 所示。

STEP 02 在"主页"选项卡的"特征"选项组中单击"基准平面"下拉按钮，在弹出的面板中单击"点"按钮＋，如图 2-4 所示。

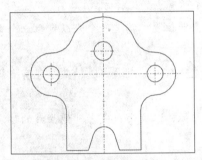

图 2-3 素材模型

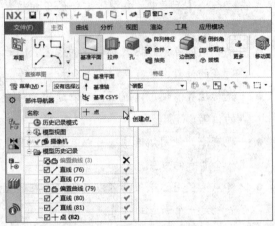

图 2-4 单击"点"按钮

STEP 03 弹出"点"对话框，设置 X 为 20mm、Y 为 20mm、Z 为 0mm，如图 2-5 所示，执行操作后，单击"确定"按钮，即可绘制点。

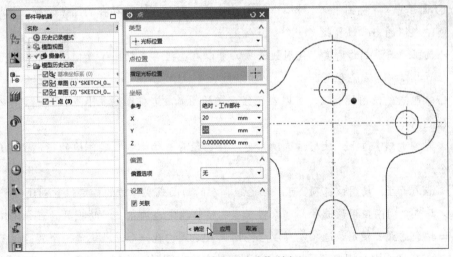

图 2-5 单击"确定"按钮

在"点"对话框中，各主要选项的含义如下。

● "类型"列表框：单击"类型"右侧的下拉按钮，在弹出的"类型"列表框中提供了10 多种点的捕捉方式。

● "点位置"选项区：在该选项区中，单击"选择对象"按钮，可以指定点的位置。

● "参考"列表框：在该列表框中，包含有"绝对－工作部件""绝对－显示部件"和WCS 3 个选项，主要用于决定输入的坐标值是以绝对坐标系还是工作坐标系为参考的。

● X/Y/Z 数值框：在该数值框中，可以输入 X、Y、Z 的参数值以确定点的坐标值。

● "偏置选项"列表框：单击"偏置选项"右侧的下拉按钮，在弹出的列表框中，包含有
"无""矩形""圆柱形""柱面""球形""沿矢量""沿曲线"选项等。

操作技巧 ☞

单击"点"对话框中"类型"右侧的下拉按钮，在弹出的"类型"列表框中各主要选项
的含义如下。

● 自动判断的点：根据光标所在的位置，自动判断所要选取的点，可以用来选取光标当
前所在的位置、现有点、端点和控制点等，涵盖了所有点的选择方式。

● 光标位置：使用该选项，可以通过定位光标的当前位置，构造一个点或定位一个新
点的位置。

● 现有点：使用该选项，可以在某个现有点上构造一个点，或通过选择某个现有点规
定一个新点的位置。

● 终点：使用该选项，可以在已经存在的直线、圆弧、二次曲线或者其他曲线的终点
位置确定一个新点的位置。

● 控制点：使用该选项可以在已经存在的几何对象的控制点位置处指定一个新点位置。

● 交点：使用该选项，可以在两条曲线的交点位置或在已经存在的曲线与另一个已经存
在的平面或表面的交点位置指定一个新点位置。

● 圆弧中心／椭圆中心／球心：使用该选项，可以在已经存在的圆弧、圆、椭圆、椭
圆弧或球的中心位置指定一个新点位置。

● 圆弧／椭圆上的角度：使用该选项，可以在已经存在的圆弧或椭圆上的指定圆心角
位置指定一个新点位置。

● 象限点：使用该选项，可以在已经存在的圆弧或者椭圆的象限点位置指定一个新点
位置。

● 点在曲线／边上：使用该选项，可以在已经存在的曲线或实体边的指定位置创建一
个点。

● 点在面上：使用该选项，可以在已经存在的曲面或实体边的指定位置创建一个新点。

● 两点之间：使用该选项，可以将新点的位置指定为两点之间的距离的百分比。

● 按表达式：使用该选项，可以根据所选表达式构造一个点或规定一个新点位置。

在 UG NX 10.0 中，用户还可以通过以下两种方法在图形中绘制点对象。

● 命令：单击"菜单"｜"插入"｜"基准／点"｜"点"命令，如图 2-6 所示。

● 按钮：在"曲线"选项卡的"曲线"选项组中单击"点"按钮＋，如图 2-7 所示。

操作技巧 ☞

在边框条中单击"菜单"按钮，在弹出的列表框中依次按键盘上的【S】、【D】、【P】
键，也可以快速执行"点"命令，在绘图区中创建点对象。

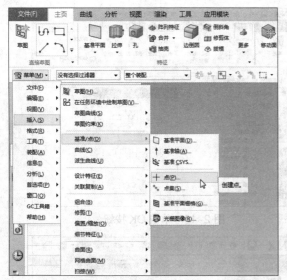

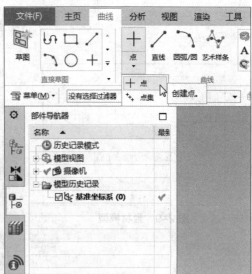

| 图 2-6　单击 "点" 命令 | 图 2-7　单击 "点" 按钮 |

子任务 2　创建摆动件的圆

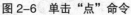

在 UG NX 10.0 中，用户只要指定圆心和圆上的一点或圆心和半径，即可创建圆。本任务创建如图 2-8 所示的摆动件草图的圆。

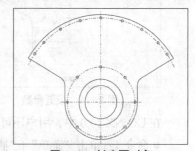

图 2-8　创建圆对象

素材位置	光盘 \ 素材 \ 项目 2\ 任务 1- 子任务 2.prt
效果位置	光盘 \ 效果 \ 项目 2\ 任务 1- 子任务 2.prt
视频位置	光盘 \ 视频 \ 项目 2\ 任务 1\ 子任务 2 创建摆动件的圆 .mp4

操 作 步 骤

STEP 01 按【Ctrl + O】组合键，打开素材模型文件，如图 2-9 所示。

STEP 02 在 "曲线" 选项卡的 "直接草图" 选项组中单击 "圆" 按钮○，弹出 "圆" 对话框，在 "圆方法" 面板中单击 "圆心和直径定圆" 按钮⊙，如图 2-10 所示。

STEP 03 执行操作后，在绘图区中的圆心点上，单击，确定圆心点，然后拖动，在 "直径" 数值框中输入 80，按【Enter】键确认，如图 2-11 所示。

STEP 04 执行操作后，单击 "完成草图" 按钮，如图 2-12 所示，即可绘制圆。

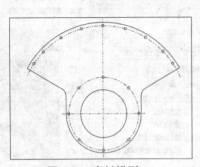

图 2-9　素材模型

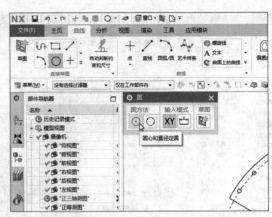

图 2-10　单击 OK 按钮

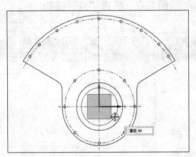

图 2-11　设置参数

图 2-12　单击"完成草图"按钮

在 UG NX 10.0 中，用户还可以通过以下 8 种方法绘制圆。

- 命令 1：单击"菜单"|"插入"|"曲线"|"直线和圆弧"|"圆（点 – 点 – 点）"命令，如图 2-13 所示。

图 2-13　单击相应的命令

- 命令 2：单击"菜单"|"插入"|"曲线"|"直线和圆弧"|"圆（点 – 点 – 相切）"命令。
- 命令 3：单击"菜单"|"插入"|"曲线"|"直线和圆弧"|"圆（相切 – 相切 – 相切）"命令。

- 命令 4：单击"菜单"|"插入"|"曲线"|"直线和圆弧"|"圆（相切 – 相切 – 半径）"命令。
- 命令 5：单击"菜单"|"插入"|"曲线"|"直线和圆弧"|"圆（圆心 – 半径）"命令。
- 命令 6：单击"菜单"|"插入"|"曲线"|"直线和圆弧"|"圆（圆心 – 相切）"命令。
- 命令 7：单击"菜单"|"插入"|"曲线"|"直线和圆弧"|"圆（圆心 – 点）"命令。
- 按钮：在"曲线"选项卡的"曲线"选项组中单击"圆"按钮○，如图 2-14 所示。

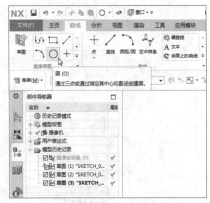

图 2-14　单击"圆"按钮

操作技巧 👉

　　单击"菜单"按钮，在弹出的列表框中依次按键盘上的【S】、【C】、【A】、【C】键，也可以快速执行"圆（点 – 点 – 点）"命令，在绘图区中创建圆对象。

子任务 3　创建多段直线内圆的直线

任 务 描 述

　　直线是各种绘图中最常用、最简单的一类图形对象，只要指定了起点和终点即可绘制一条直线。本任务创建如图 2-15 所示的草图。

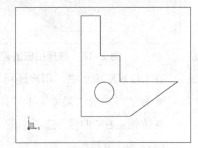

图 2-15　创建直线对象

素材位置	光盘 \ 素材 \ 项目 2\ 任务 1– 子任务 3.prt
效果位置	光盘 \ 效果 \ 项目 2\ 任务 1– 子任务 3.prt
视频位置	光盘 \ 视频 \ 项目 2\ 任务 1\ 子任务 3 创建多段直线内圆的直线 .mp4

操 作 步 骤

STEP 01 按【Ctrl + O】组合键，打开素材模型文件，如图 2-16 所示。

STEP 02 在"曲线"选项卡的"曲线"选项组中，单击"直线"按钮╱，如图 2-17 所示。

操作技巧 👉

　　在绘制直线的过程中，绘图区中会伴随着出现显示直线长度、点坐标的文本框出现。

STEP 03 弹出"直线"对话框，在绘图区中相应的点上单击，如图 2-18 所示。

STEP 04 向下拖动，至合适的点上单击，如图 2-19 所示，执行操作后，单击"完成草图"按钮，或者单击"确定"按钮，即可绘制直线。

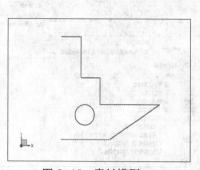

图 2-16　素材模型

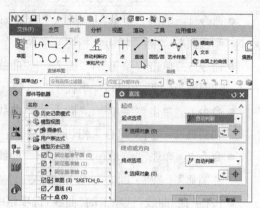

图 2-17　单击"直线"按钮

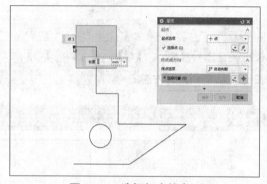

图 2-18　选择相应的点

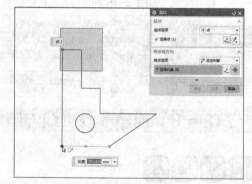

图 2-19　单击

在 UG NX 10.0 中，用户还可以通过以下两种方法绘制直线。

● 命令：单击"菜单"｜"插入"｜"直线"命令，如图 2-20 所示。

● 按钮：在"曲线"选项卡的"直接草图"选项组中，单击"直接"按钮 ╱，如图 2-21 所示。

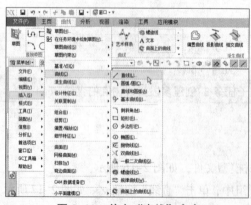

图 2-20　单击"直线"命令

图 2-21　单击"直线"按钮

子任务 4　创建内圆圆角键的圆弧

任　务　描　述

　　圆弧是圆的一部分，它也是一种简单图形。绘制圆弧与绘制圆相比，相对要困难一些，除了圆心和半径外，圆弧还需要指定起始角和终止角。本任务创建如图 2-22 所示的圆弧草图。

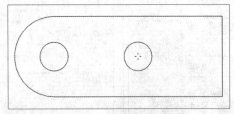

图 2-22　创建圆弧

素材位置	光盘 \ 素材 \ 项目 2\ 任务 1- 子任务 4.prt
效果位置	光盘 \ 效果 \ 项目 2\ 任务 1- 子任务 4.prt
视频位置	光盘 \ 视频 \ 项目 2\ 任务 1\ 子任务 4 创建内圆圆角键的圆弧 .mp4

操 作 步 骤

STEP 01 按【Ctrl + O】组合键，打开素材模型文件，如图 2-23 所示。

STEP 02 在"曲线"选项卡的"曲线"选项组中单击"圆弧 / 圆"按钮，如图 2-24 所示。

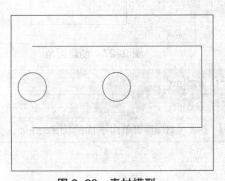

图 2-23　素材模型

图 2-24　单击"圆弧 / 圆"按钮

STEP 03 弹出"圆弧 / 圆"对话框，在绘图区中相应的点上单击，如图 2-25 所示。

STEP 04 指定圆弧的起点，然后向下拖动，至合适位置单击，指定圆弧终点，向左拖动，并设置半径为 7，单击"确定"按钮，如图 2-26 所示，执行操作后，即可绘制圆弧。

在 UG NX 10.0 中，绘制圆弧有以下 6 种方法。

● 命令 1：单击"菜单"|"插入"|"曲线"|"圆弧 / 圆"命令。

● 命令 2：单击"菜单"|"插入"|"曲线"|"直线和圆弧"|"圆弧（相切 - 相切 - 相切）"命令。

● 命令 3：单击"菜单"|"插入"|"曲线"|"直线和圆弧"|"圆弧（相切 - 相切 - 半径）"命令。

● 命令 4：单击"菜单"|"插入"|"曲线"|"直线和圆弧"|"圆弧（点 - 点 - 点）"命令。

● 命令 5：单击"菜单"|"插入"|"曲线"|"直线和圆弧"|"圆弧（点 - 点 - 相切）"命令。

● 按钮：在"曲线"选项卡的"曲线"选项组中单击"圆弧 / 圆"按钮。

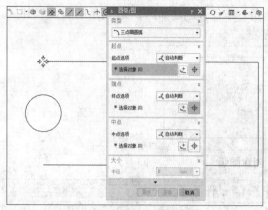

图 2-25　单击

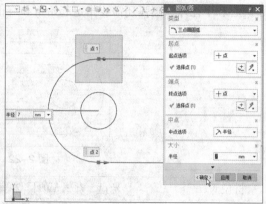

图 2-26　单击"确定"按钮

子任务 5　创建倒圆角内平面的圆角

任务描述

在 UG NX 10.0 中，使用"圆角"命令用于在两个对象或多段线之间形成圆角，圆角处理的图形对象可以是圆弧、圆、椭圆、直线、多段线、射线、样条曲线和构造线等。本任务创建如图 2-27 所示的草图。

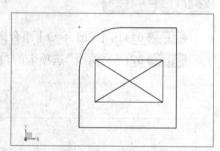

图 2-27　创建圆角

素材位置	光盘 \ 素材 \ 项目 2\ 任务 1– 子任务 5.prt
效果位置	光盘 \ 效果 \ 项目 2\ 任务 1– 子任务 5.prt
视频位置	光盘 \ 视频 \ 项目 2\ 任务 1\ 子任务 5 创建倒圆角内平面的圆角 .mp4

操作步骤

STEP 01　按【Ctrl + O】组合键，打开素材模型文件，如图 2-28 所示。

STEP 02　在"曲线"选项卡的"直接草图"选项组中单击"直线"按钮，如图 2-29 所示。

STEP 03　弹出"直线"对话框，在绘图区中相应的点上单击，向左拖动，设置"长度"和"角度"分别为 40 和 180，单击，即可绘制直线，然后在直线的左端点上单击，然后向下拖动，至合适的点上单击，绘制直线，如图 2-30 所示。

STEP 04　在"曲线"选项卡的"直接草图"选项组中单击"圆角"按钮，弹出"圆角"对话框和"半径"文本框，在绘图区中，依次选择新绘制的两条直线，并在"半径"文本框中输入 17，如图 2-31 所示，按【Enter】键确认。

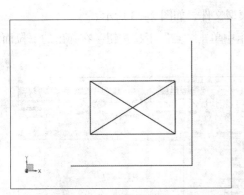

图 2-28　素材模型

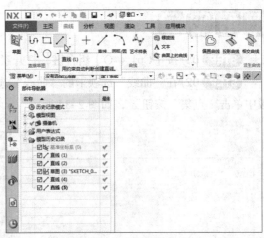

图 2-29　单击"直线"按钮

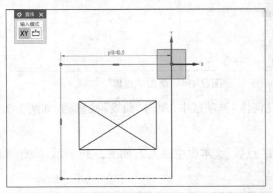

图 2-30　绘制直线

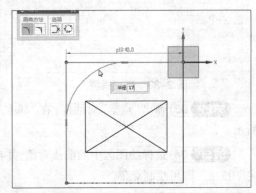

图 2-31　输入"半径"为 17

STEP 05 在"曲线"选项卡的"直接草图"选项组中，单击"完成草图"按钮，执行操作后，即可绘制圆角，并把"颜色"更改为 Black。

子任务6　创建分段定位圆的点集

任 务 描 述

在 UG NX 10.0 中，使用"点集"命令，可以创建具有多个面的对象。本任务创建如图 2-32 所示的草图。

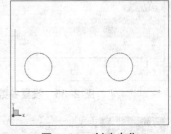

图 2-32　创建点集

素材位置	光盘 \ 素材 \ 项目 2\ 任务 1- 子任务 6.prt
效果位置	光盘 \ 效果 \ 项目 2\ 任务 1- 子任务 6.prt
视频位置	光盘 \ 视频 \ 项目 2\ 任务 1\ 子任务 6 创建分段定位圆的点集 .mp4

操 作 步 骤

STEP 01 按【Ctrl + O】组合键，打开素材模型文件，如图 2-33 所示。

STEP 02 在"曲线"选项卡的"曲线"选项组中单击"点"下拉按钮，在弹出的下拉面板中单击"点集"按钮 ⁺₊，如图 2-34 所示。

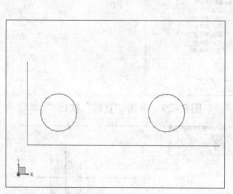

图 2-33 素材模型

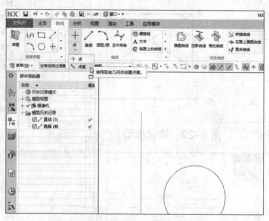

图 2-34 单击"点集"按钮

STEP 03 弹出"点集"对话框，在"基本几何体"选项区中，单击"曲线"按钮 ✓，如图 2-35 所示。

STEP 04 选择绘图区中的曲线对象，并在"点数"文本框中输入 7，如图 2-36 所示，单击"确定"按钮，即可绘制点集。

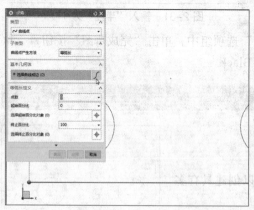

图 2-35 设置参数

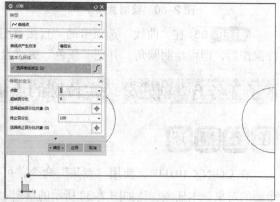

图 2-36 绘制点集

操作技巧 ☞

在"点集"对话框中，各主要选项的含义如下。

● "类型"列表框：该列表框用于选择曲线上点的创建类型，包含曲线点、样条点和面的点 3 种类型。

● "子类型"列表框：该列表框用于曲线上点的创建方法，包含等弧长、等参数、几何级数、弧公差、增量弧长、投影点和曲线百分比 7 种方法。

- "基本几何体"选项区：单击该选项区中的"曲线"按钮 ∕，可以曲线或边对象。
- "点数"文本框：该文本框用于设置创建等弧长对象的点数量。
- "起始百分比"文本框：该文本框用于设置创建等弧长对象的起始百分比。
- "选择起始百分比对象"按钮：单击该按钮 ⊞，可以选择起始百分比对象。
- "终止百分比"文本框：该文本框用于设置创建等弧长对象的终止百分比。
- "选择终止分比对象"按钮：单击该按钮 ⊞，可以选择终止百分比对象。

任务 2　创建模型多边形曲线

在 UG NX 10.0 中，矩形、倒斜角和多边形是最常用的创建多边形曲线的方式，用户可以使用这 3 种方式创建任意的多边形曲线。

本任务创建如图 2-37 所示的多个模型，具体通过"矩形"命令、"倒斜角"命令、"多边形"命令创建模型的效果，掌握多边形曲线的创建方法。

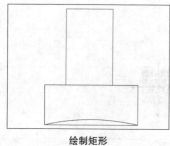

绘制矩形　　　　　　　　　绘制倒斜角　　　　　　　　　绘制多边形

图 2-37　绘制模型多边形曲线

子任务 1　创建内弧面圆柱的矩形

任 务 描 述

矩形是绘制平面图形时常用的简单图形，也是构成复杂图形的基本图形元素，在各种图形中都可作为组成元素。本任务创建如图 2-38 所示的草图。

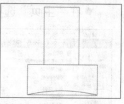

图 2-38　创建矩形

素材位置	光盘 \ 素材 \ 项目 2\ 任务 2- 子任务 1.prt
效果位置	光盘 \ 效果 \ 项目 2\ 任务 2- 子任务 1.prt
视频位置	光盘 \ 视频 \ 项目 2\ 任务 2\ 子任务 1 创建内弧面圆柱的矩形 .mp4

操 作 步 骤

STEP 01 按【Ctrl ＋ O】组合键，打开素材模型文件，如图 2-39 所示。

STEP 02 在"曲线"选项卡的"直接草图"选项组中单击"矩形" ▢，如图 2-40 所示。

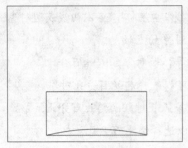

图 2-39　素材模型

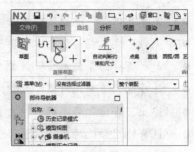

图 2-40　单击"矩形"按钮

STEP 03 弹出"矩形"对话框，在绘图区中图形的合适端点上单击，在弹出的"快速拾取"对话框中选择"起点"选项，如图 2-41 所示。

STEP 04 向右上方拖动，至合适位置后再次单击，如图 2-42 所示，在"直接草图"选项区中单击"完成草图"按钮，即可绘制矩形。

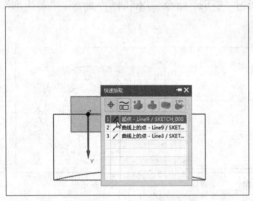

图 2-41　设置参数

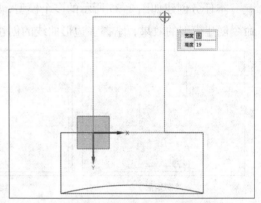

图 2-42　绘制矩形（加标注）

在 UG NX 10.0 中，用户还可以通过以下 3 种方式绘制矩形。

● 单击"菜单"|"插入"|"矩形"命令，如图 2-43 所示。

● 在"主页"选项卡的"直接草图"选项组中单击"矩形"，如图 2-44 所示。

图 2-43　单击"矩形"命令

图 2-44　单击"矩形"按钮

子任务 2　创建直角块的倒斜角

任务描述

在 UG NX 10.0 中，使用"倒角"命令，可以使两条直线之间形成一个角度标注，在 UG 制图中经常会在直线之间进行倒斜角操作。本任务创建如图 2-45 所示的草图。

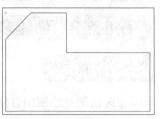

图 2-45　创建倒斜角

素材位置	光盘 \ 素材 \ 项目 2\ 任务 2- 子任务 2.prt
效果位置	光盘 \ 效果 \ 项目 2\ 任务 2- 子任务 2.prt
视频位置	光盘 \ 视频 \ 项目 2\ 任务 2\ 子任务 2 创建直角块的倒斜角 .mp4

操作步骤

STEP 01 按【Ctrl ＋ O】组合键，打开素材模型文件，如图 2-46 所示。

STEP 02 在"曲线"选项卡的"直接草图"选项组中单击"直线"按钮 ∕，弹出"直线"对话框，在绘图区中的左上方端点和左下方端点上，依次单击，绘制两条相互垂直的直线，如图 2-47 所示。

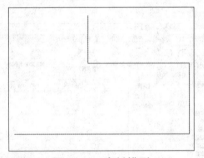

图 2-46　素材模型

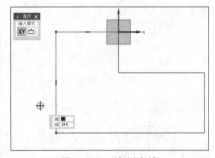

图 2-47　绘制直线

STEP 03 在"曲线"选项卡的"直接草图"选项组中单击"倒斜角"按钮 ⌐，如图 2-48 所示。

STEP 04 弹出"倒斜角"对话框，在绘图区中，依次选择新绘制的两条直线，并设置"距离"为 9，如图 2-49 所示。

图 2-48　单击"倒斜角"按钮

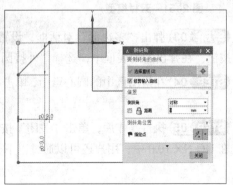

图 2-49　设置参数

STEP 05 在"倒斜角"对话框中，单击"关闭"按钮，即可创建倒斜角，按【Ctrl + Q】组合键，完成倒斜角的绘制。

子任务 3　创建多边形内圆孔

任务描述

正多边形是绘图中常用的一种简单图形，可以使用其外接圆与内切圆来进行绘制，并规定可以绘制边数为 3 ~ 1024 的正多边形。本任务创建如图 2-50 所示的多边形内圆孔草图。

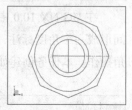

图 2-50　创建多边形

素材位置	光盘 \ 素材 \ 项目 2\ 任务 2- 子任务 3.prt
效果位置	光盘 \ 效果 \ 项目 2\ 任务 2- 子任务 3.prt
视频位置	光盘 \ 视频 \ 项目 2\ 任务 2\ 子任务 3 创建多边形内圆孔 .mp4

操作步骤

STEP 01 按【Ctrl + O】组合键，打开素材模型文件，如图 2-51 所示。

STEP 02 在"曲线"选项卡的"直接草图"选项组中单击"多边形"按钮⊙，如图 2-52 所示。

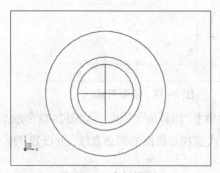

图 2-51　素材模型

图 2-52　单击"多边形"按钮

STEP 03 弹出"多边形"对话框，设置圆的"边数"为 8；单击"内切圆半径"右侧的下拉按钮，在弹出的列表框中，选择"外接圆半径"选项，如图 2-53 所示。

STEP 04 在绘图区中的圆心点上，单击，设置圆的"半径"为 10、"旋转"为 0，如图 2-54 所示。

STEP 05 执行操作后，单击"关闭"按钮，按【Ctrl + Q】组合键，完成多边形的绘制。在 UG NX 10.0 中，用户还可以通过以下 3 种方式绘制多边形。

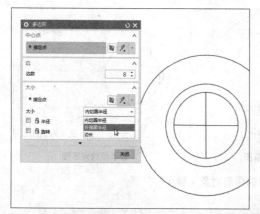

图 2-53 选择"外接圆半径"选项

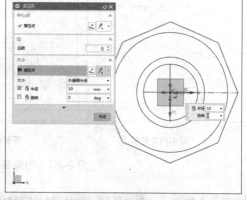

图 2-54 设置参数

● 单击"菜单"|"插入"|"曲线"|"多边形"命令，如图 2-55 所示。

● 在"主页"选项卡的"直接草图"选项组中单击"多边形"按钮 ⊙ ，如图 2-56 所示。

图 2-55 单击"多边形"命令

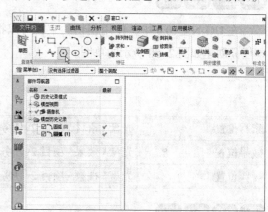

图 2-56 单击"多边形"按钮

任务 3   约束草图中的图形对象

在草图中创建曲线后，有时需要对其进行约束或定位。草图约束主要包括相切约束、垂直约束和同心约束等，其功能各不相同。本任务对图 2-57 所示的多个模型进行约束操作。

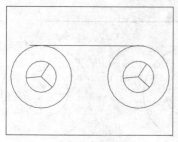

相切约束草图

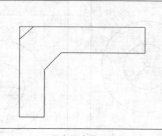

垂直约束草图

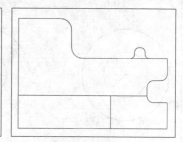

平行约束草图

图 2-57 约束草图中的图形对象

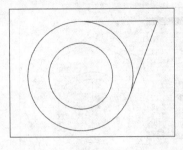

同心约束草图

等长约束草图

等半径约束草图

图 2-57　约束草图中的图形对象（续）

子任务 1　创建外螺帽相切约束草图

任 务 描 述

在 UG NX 10.0 中，使用相切约束，可以指定两个对象相切。本任务创建如图 2-58 所示的草图。

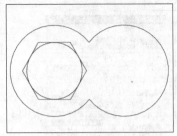

图 2-58　相切约束草图

素材位置	光盘＼素材＼项目 2＼任务 3– 子任务 1.prt
效果位置	光盘＼效果＼项目 2＼任务 3– 子任务 1.prt
视频位置	光盘＼视频＼项目 2＼任务 3＼子任务 1 创建外螺帽相切约束草图 .mp4

操 作 步 骤

STEP 01 按【Ctrl ＋ O】组合键，打开素材模型文件，如图 2-59 所示。

STEP 02 在"曲线"选项卡的"直接草图"选项组中，单击"直线"按钮 ，在绘图区中绘制直线，如图 2-60 所示。

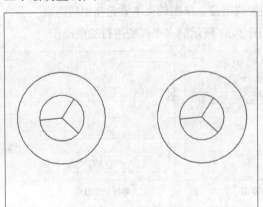

图 2-59　素材模型

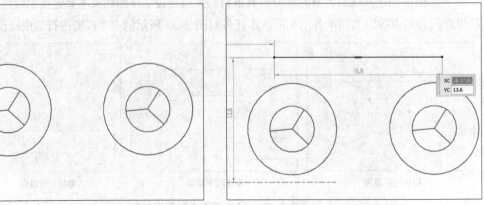

图 2-60　绘制直线

STEP 03 在"主页"选项卡的"直接草图"选项组中单击"更多"下拉按钮，在弹出的面板中单击"几何约束"按钮，弹出"几何约束"对话框，在"约束"选项区中单击"相切"按钮，如图 2-61 所示。

STEP 04 在绘图区中选择最上方的直线，单击"要约束到的对象"按钮，选择左下方的圆，如图 2-62 所示，执行操作过后，单击"完成草图"按钮，即可相切约束草图，

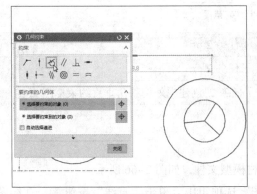

图 2-61　单击"相切"的按钮

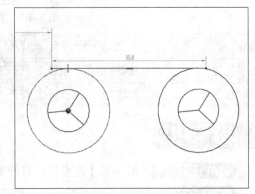

图 2-62　选择左下方的圆

操作技巧

在 UG NX 10.0 中约束草图之前，用户首先需要创建草图对象，下面介绍两种创建草图平面效果的方法。

- 单击"菜单"|"插入"|"草图"命令，如图 2-63 所示。
- 在"主页"选项卡的"直接草图"选项板中单击"草图"按钮，如图 2-64 所示。

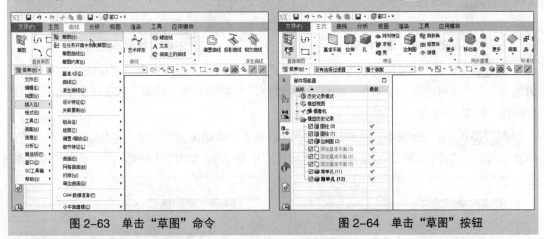

图 2-63　单击"草图"命令　　　　图 2-64　单击"草图"按钮

子任务 2　创建内外倒斜角垂直约束草图

任 务 描 述

在 UG NX 10.0 中，使用垂直约束，可以使两条直线相互垂直。本任务创建如图 2-65 所示的草图。

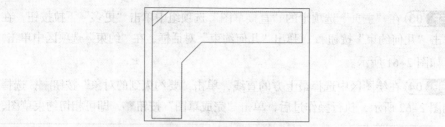

图 2-65　垂直约束草图

素材位置	光盘 \ 素材 \ 项目 2\ 任务 3- 子任务 2.prt
效果位置	光盘 \ 效果 \ 项目 2\ 任务 3- 子任务 2.prt
视频位置	光盘 \ 视频 \ 项目 2\ 任务 3\ 子任务 2 创建内外倒斜角垂直约束草图 .mp4

操 作 步 骤

STEP 01 按【Ctrl + O】组合键，打开素材模型文件，如图 2-66 所示。

STEP 02 在"曲线"选项卡的"直接草图"选项组中，单击"直线"按钮 ，在绘图区中绘制直线，如图 2-67 所示。

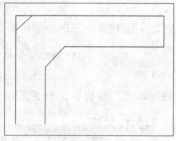

图 2-66　素材模型

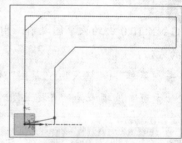

图 2-67　绘制直线

STEP 03 在"主页"选项卡的"直接草图"选项组中单击"更多"下拉按钮，在弹出的面板中单击"几何约束"按钮 ，弹出"几何约束"对话框，在"约束"选项区中单击"垂直"按钮 ，如图 2-68 所示。

STEP 04 在绘图区中，选择绘制的直线，单击"要约束到的对象"按钮 ，并在绘图区中选择相应的直线，如图 2-69 所示，执行操作后，单击"完成草图"按钮 ，即可垂直约束草图。

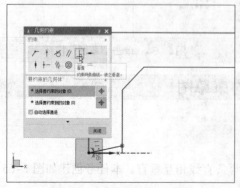

图 2-68　单击"垂直"按钮

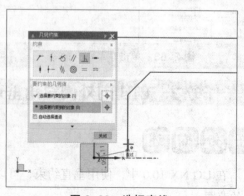

图 2-69　选择直线

子任务 3　创建倒圆角件平行约束草图

任务描述

在 UG NX 10.0 中，使用平行约束，可以使两条直线相互平行。本任务创建如图 2-70 所示的草图。

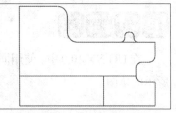

图 2-70　平行约束草图

素材位置	光盘 \ 素材 \ 项目 2\ 任务 3- 子任务 3.prt
效果位置	光盘 \ 效果 \ 项目 2\ 任务 3- 子任务 3.prt
视频位置	光盘 \ 视频 \ 项目 2\ 任务 3\ 子任务 3 创建倒圆角件平行约束草图 .mp4

操作步骤

STEP 01 按【Ctrl + O】组合键，打开素材模型文件，如图 2-71 所示。

STEP 02 在"曲线"选项卡的"直接草图"选项组中，单击"直线"按钮 ，在绘图区中绘制直线，如图 2-72 所示。

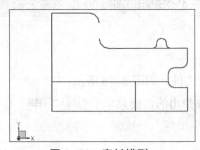

图 2-71　素材模型

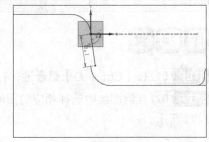

图 2-72　绘制直线

STEP 03 在"主页"选项卡的"直接草图"选项组中单击"更多"下拉按钮，在弹出的面板中单击"几何约束"按钮 ，如图 2-73 所示。

STEP 04 弹出"几何约束"对话框，在"约束"选项区中单击"平行"按钮 ，在绘图区中，选择绘制的直线，单击"要约束到的对象"按钮 ，并在绘图区中选择最左边的直线，如图 2-74 所示，执行操作后，单击"完成草图"按钮 ，即可平行约束草图。

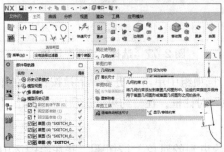

图 2-73　单击"几何约束"按钮

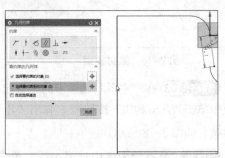

图 2-74　选择直线

子任务 4　创建相切圆同心约束草图

任务描述

在 UG NX 10.0 中，使用同心约束，可以将两个圆对象进行同心约束。本任务创建如图 2-75 所示的草图。

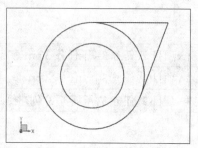

图 2-75　同心约束草图

素材位置	光盘 \ 素材 \ 项目 2\ 任务 3– 子任务 4.prt
效果位置	光盘 \ 效果 \ 项目 2\ 任务 3– 子任务 4.prt
视频位置	光盘 \ 视频 \ 项目 2\ 任务 3\ 子任务 4 创建相切圆同心约束草图 .mp4

操作步骤

STEP 01 按【Ctrl + O】组合键，打开素材模型文件，如图 2-76 所示。

STEP 02 在绘图区中选择相应的图形，右击，在弹出的快捷菜单中选择"编辑"选项，如图 2-77 所示。

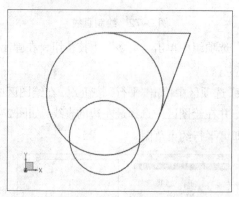

图 2-76　素材模型

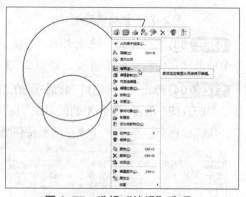

图 2-77　选择"编辑"选项

STEP 03 在"主页"选项卡的"直接草图"选项组中单击"更多"下拉按钮，在弹出的面板中单击"几何约束"按钮 ，弹出"几何约束"对话框，在"约束"选项区中单击"同心"按钮 ，如图 2-78 所示。

STEP 04 在绘图区中选择小圆，单击"要约束到的对象"按钮 ，并在绘图区中选择大圆，单击"关闭"按钮，然后单击"完成草图"按钮 ，即可同心约束草图，如图 2-79 所示。

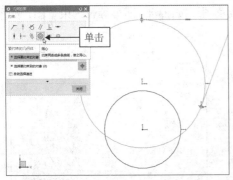

图 2-78 单击"同心"按钮

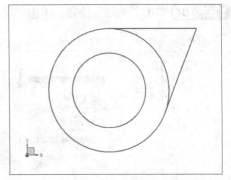

图 2-79 同心约束草图

子任务 5 创建内六角等长约束草图

任务描述

在 UG NX 10.0 中,使用等长约束,可以定义两条或两条以上的直线等长度。本任务创建如图 2-80 所示的草图。

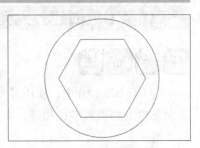

图 2-80 等长约束草图

素材位置	光盘 \ 素材 \ 项目 2\ 任务 3- 子任务 5.prt
效果位置	光盘 \ 效果 \ 项目 2\ 任务 3- 子任务 5.prt
视频位置	光盘 \ 视频 \ 项目 2\ 任务 3\ 子任务 5 创建内六角等长约束草图 .mp4

操作步骤

STEP 01 按【Ctrl + O】组合键,打开素材模型文件,如图 2-81 所示。

STEP 02 在绘图区中最短的直线上双击,进入草图环境,在功能区"主页"选项卡的"直接草图"选项组中单击"更多"下拉按钮,在弹出的面板中单击"几何约束"按钮,弹出"几何约束"对话框,在"约束"选项区中单击"等长"按钮,如图 2-82 所示。

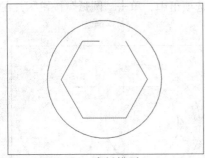

图 2-81 素材模型

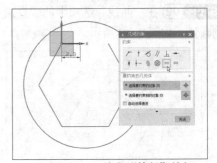

图 2-82 单击"等长"按钮

STEP 03 在绘图区中选择最上方的直线,单击"要约束到的对象"按钮,并在绘图区中选择合适的直线,如图 2-83 所示。

STEP 04 单击"关闭"按钮，单击"完成草图"按钮 ▓，即可等长约束草图，如图 2-84 所示。

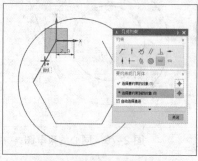

图 2-83　选择直线

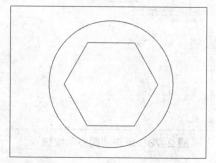

图 2-84　等长约束草图

子任务6　创建外六角等半径约束草图

任务描述

在 UG NX 10.0 中，使用等半径约束，可以定义两条或两条以上的圆弧半径相等。本任务创建如图 2-85 所示的草图。

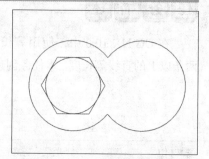

图 2-85　等长约束草图

素材位置	光盘 \ 素材 \ 项目 2\ 任务 3- 子任务 5.prt
效果位置	光盘 \ 效果 \ 项目 2\ 任务 3- 子任务 5.prt
视频位置	光盘 \ 视频 \ 项目 2\ 任务 3\ 子任务 6 创建外六角等半径约束草图 .mp4

操作步骤

STEP 01 按【Ctrl ＋ O】组合键，打开素材模型文件，如图 2-86 所示。

STEP 02 在"曲线"选项卡的"直接草图"选项组中，单击"圆弧"按钮 ⌒，在绘图区中绘制圆弧，如图 2-87 所示。

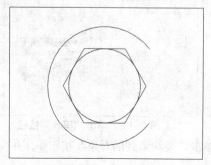

图 2-86　素材模型

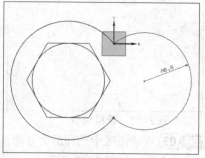

图 2-87　绘制圆弧

STEP 03 在"主页"选项卡的"直接草图"选项组中单击"更多"下拉按钮，在弹出的面板中单击"几何约束"按钮，弹出"几何约束"对话框，在"约束"选项区中单击"等半径"按钮，如图 2-88 所示。

STEP 04 在绘图区中选择刚绘制的圆弧，单击"要约束到的对象"按钮，并在绘图区中选择大圆弧，如图 2-89 所示。

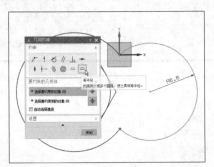

图 2-88　单击"等半径"按钮

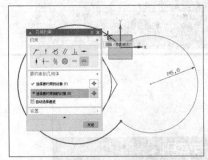

图 2-89　选择大圆

STEP 05 单击"关闭"按钮，然后单击"完成草图"按钮，即可等半径约束草图。

项 目 小 结

本项目主要学习了绘制模型的基本曲线和多边形曲线的方法，学习了约束草图中图形对象的操作技巧。通过本项目的学习，用户应该掌握创建点、圆、直线、圆弧、圆角、点集、矩形、倒斜角以及多边形的方法。

课 后 习 题

鉴于本项目知识的重要性，为帮助用户更好地掌握所学知识，通过课后习题对本项目内容进行简单的知识回顾。

素材位置	光盘 \ 素材 \ 项目 2\ 课后习题 .prt
效果位置	光盘 \ 效果 \ 项目 2\ 课后习题 .prt
学习目标	通过"圆弧 / 圆"按钮，掌握圆弧的创建方法。

本习题需要创建圆弧，素材如图 2-90 所示，最终效果如图 2-91 所示。

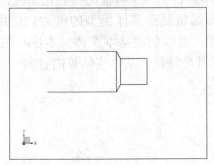

图 2-90　素材模型

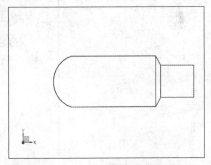

图 2-91　创建圆弧的效果图

项目 3 创建简单 UG 基本特征

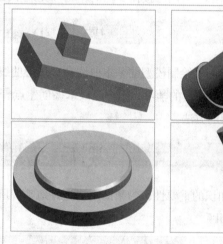
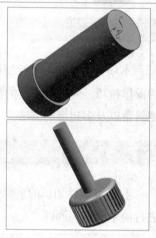

项目导读

UG 基本特征是基于特征的参数化系统，具有交互创建和编辑复杂实体模型的能力。应用 UG 的建模功能，可以创建基本实体。本项目主要学习 UG 中的基准特征、基本实体等内容。

任务 1　创建模型基准特征

UG 的建模过程中，常常需要借助辅助的点、线、面等来完成产品的造型，这些辅助的点、线、面虽然不直接构成模型的一部分，但却是造型过程中必不可少的。

本任务创建如图 3-1 所示的模型基准特征，具体通过"点"命令、"基准平面"命令、"基准轴"命令以及"基准 CSYS"命令创建模型的基准特征。

创建基准点

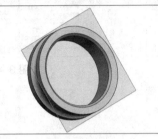
创建基准平面

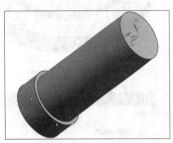
创建基准轴

图 3-1　创建模型基准特征

子任务 1　创建凸圆倒角基准点

任 务 描 述

在 UG NX 10.0 中，用户可以根据需要在模型中创建基准点对象。本任务创建如图 3-2 所示的模型基准点。

图 3-2　创建基准点

素材位置	光盘 \ 素材 \ 项目 3\ 任务 1- 子任务 1.prt
效果位置	光盘 \ 效果 \ 项目 3\ 任务 1- 子任务 1.prt
视频位置	光盘 \ 视频 \ 项目 3\ 任务 1\ 子任务 1 创建凸圆倒角基准点 .mp4

操 作 步 骤

STEP 01 按【Ctrl + O】组合键，打开素材模型文件，如图 3-3 所示。

STEP 02 单击"菜单"|"插入"|"基准 / 点"|"点"命令，如图 3-4 所示。

STEP 03 执行操作后，弹出"点"对话框，单击"点位置"按钮，如图 3-5 所示。

STEP 04 在绘图区中模型的圆心点上，单击，如图 3-6 所示，然后在"点"对话框中单击"确定"按钮，即可创建基准点。

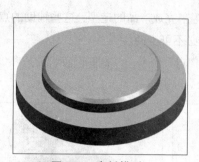

图 3-3　素材模型

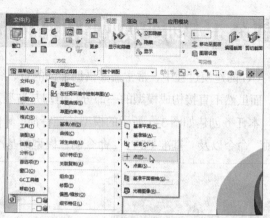

图 3-4　单击"点"命令

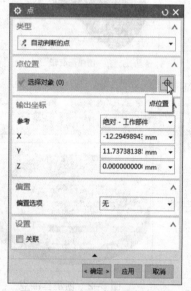

图 3-5　单击"点位置"按钮

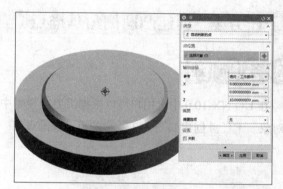

图 3-6　创建基准点

操作技巧 👉

　　除了运用上述方法可以创建基准点外，还可以单击"特征"工具栏中"基准平面"右侧的下拉按钮，在弹出的下拉列表框中单击"点"按钮，如图 3-7 所示。

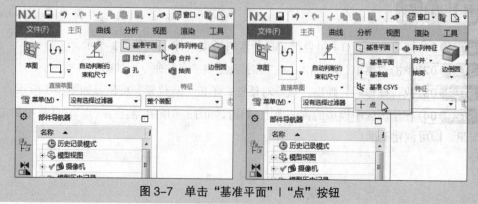

图 3-7　单击"基准平面"｜"点"按钮

子任务 2　创建轴承内圈基准平面

任务描述

　　基准平面的主要作用是辅助在圆柱、圆锥、球、回转体上建立形状特征，当特征定义平面和目标实体上的表面不平行（垂直）时辅助建立其他特征，或者作为实体的修剪面等。本任务创建如图 3-8 所示的模型基准平面。

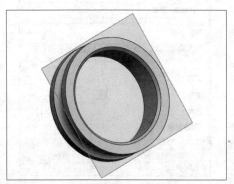

图 3-8　创建基准平面

素材位置	光盘 \ 素材 \ 项目 3\ 任务 1– 子任务 2.prt
效果位置	光盘 \ 效果 \ 项目 3\ 任务 1– 子任务 2.prt
视频位置	光盘 \ 视频 \ 项目 3\ 任务 1\ 子任务 2 创建轴承内圈基准平面 .mp4

操作步骤

　　STEP 01 按【Ctrl ＋ O】组合键，打开素材模型文件，如图 3-9 所示。

　　STEP 02 单击"菜单"|"插入"|"基准 / 点"|"基准平面"命令，如图 3-10 所示。

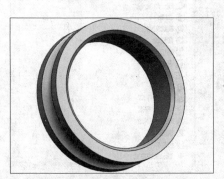

图 3-9　素材模型

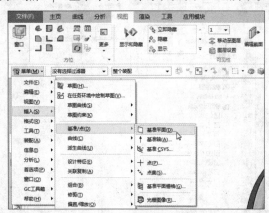

图 3-10　单击"基准平面"命令

操作技巧

　　基准平面是建模的辅助平面，之所以用到基准平面，主要是为了在非平面上方便地创建特征，或为草图提供草图工作平面的位置。

　　STEP 03 执行操作后，弹出"基准平面"对话框，单击"选择平面对象"右侧的按钮 ✦，如图 3-11 所示。

　　STEP 04 在绘图区选择最上方表面对象为创建对象，如图 3-12 所示，单击"确定"按钮，即可创建基准平面。

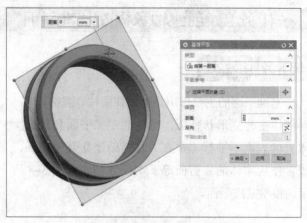

图 3-11 选择对象　　　　　图 3-12 创建基准平面

操作技巧 👉

在 UG NX 10.0 中，还可以通过在"主页"选项卡的"特征"选项组中，单击"基准平面"按钮，如图 3-13 所示，将弹出"基准平面"对话框，在"类型"列表框中有多种类别可选，如图 3-14 所示，然后在绘图区中选择相应的对象，单击"确定"按钮，即可创建基准平面。

图 3-13 单击"基准平面"按钮　　　　　图 3-14 "基准平面"对话框

在"基准平面"对话框的"类型"下拉列表框中，各主要选项的含义如下。

- 自动判断：用于完成多种方式的操作。
- 相切：通过和一曲面相切且通过该曲面上的点、线或平面来创建基准平面。
- 点和方向：使用点和方向方法创建基准平面需要选择一个参考点和一个参考矢量，建立的基准平面通过该点垂直于所选矢量。
- 曲线上：用于通过选择一条参考曲线创建基准平面，该平面垂直于该曲线某点处的切矢量或法向矢量。

子任务 3　创建圆柱模型基准轴

任务描述

基准平面的主要作用为辅助在圆柱、圆锥、球、回转体上建立形状特征，当特征定义平面和目标实体上的表面不平行（垂直）时辅助建立其他特征，或者作为实体的修剪面等。本任务创建如图 3-15 所示的模型基准平面。

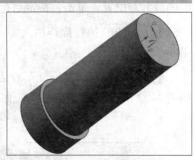

图 3-15　创建基准轴

素材位置	光盘 \ 素材 \ 项目 3\ 任务 1- 子任务 3.prt
效果位置	光盘 \ 效果 \ 项目 3\ 任务 1- 子任务 3.prt
视频位置	光盘 \ 视频 \ 项目 3\ 任务 1\ 子任务 3 创建圆柱模型基准轴 .mp4

操作步骤

STEP 01 按【Ctrl ＋ O】组合键，打开素材模型文件，如图 3-16 所示。

STEP 02 单击"菜单"|"插入"|"基准 / 点"|"基准轴"命令，如图 3-17 所示。

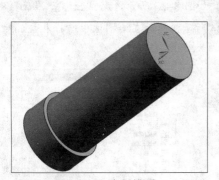

图 3-16　素材模型

图 3-17　单击"基准轴"命令

STEP 03 执行操作后，即可弹出"基准轴"对话框，在其中单击"指定出发点"右侧的"象限点"按钮，如图 3-18 所示。

STEP 04 将鼠标指针移至绘图区中的模型下方合适的位置，单击，指定出发点，如图 3-19 所示。

图 3-18　单击"象限点"按钮

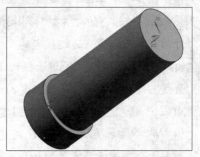

图 3-19　指定出发点

STEP 05 指定出发点后，将鼠标指针移至绘图区中模型的最上方位置，单击，指定目标点，如图 3-20 所示。

STEP 06 执行操作后，即可在模型上创建基准轴，如图 3-21 所示。

STEP 07 在"基准轴"对话框中，单击"确定"按钮，如图 3-22 所示，即可完成基准轴的创建。

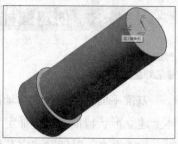

图 3-20　指定目标点

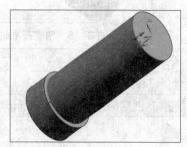

图 3-21　在模型上创建基准轴

图 3-22　单击"确定"按钮

操作技巧 ☞

在 UG NX 10.0 中，还可以通过在"主页"选项卡的"特征"选项组中，单击"基准平面"按钮□，在弹出的列表框中单击"基准轴"按钮↑，如图 3-23 所示，将弹出"基准轴"对话框，在"类型"列表框中有多种类别可选，如图 3-24 所示，然后在绘图区中选择相应的对象，单击"确定"按钮，即可创建基准轴。

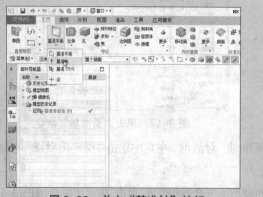

图 3-23　单击"基准轴"按钮

图 3-24　"基准轴"对话框

在"基准轴"对话框的"类型"列表框中，各主要选项的含义如下。

● "自动判断"选项：通过指定的几何对象自动确定基准类型。

● "曲线/面轴"选项：通过选择曲面和曲面上的轴创建基准轴。

● "曲线上矢量"选项：通过指定的曲线或某实体的边缘线上的矢量来创建基准轴。

● "XC 轴"选项：用于创建 XC 固定基准轴。

● "YC 轴"选项：用于创建 YC 固定基准轴。

● "点和方向"选项：通过指定一点和一个矢量方向创建基准轴。

子任务 4 创建方件凹圆基准 CSYS

任务描述

基准坐标系是指在视图中创建的一个类似于原点坐标系的新坐标系，该坐标系同样有矢量方向等性质。本任务创建如图 3-25 所示的模型基准 CSYS。

图 3-25 创建基准 CSYS

素材位置	光盘 \ 素材 \ 项目 3\ 任务 1- 子任务 4.prt
效果位置	光盘 \ 效果 \ 项目 3\ 任务 1- 子任务 4.prt
视频位置	光盘 \ 视频 \ 项目 3\ 任务 1\ 子任务 4 创建方件凹圆基准 CSYS.mp4

操作步骤

STEP 01 按【Ctrl + O】组合键，打开素材模型文件，如图 3-26 所示。

STEP 02 单击"菜单"|"插入"|"基准 / 点"|"基准 CSYS"命令，如图 3-27 所示。

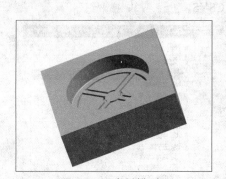

图 3-26 素材模型

图 3-27 单击"基准 CSYS"命令

STEP 03 弹出"基准 CSYS"对话框，在绘图区中合适的位置上单击，如图 3-28 所示。

STEP 04 执行操作后，弹出"快速拾取"对话框，选择第一个选项，如图 3-29 所示。

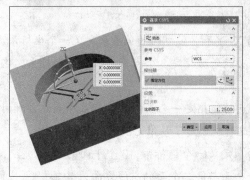

图 3-28 单击

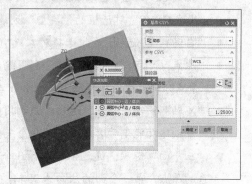

图 3-29 选择第一个选项

STEP 05 即可确定基准 CSYS 特征的创建位置，如图 3-30 所示。

STEP 06 在"基准 CSYS"对话框中，单击"确定"按钮，如图 3-31 所示，即可创建基准 CSYS。

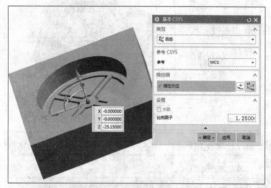

图 3-30 确定模型位置

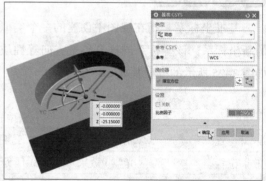

图 3-31 创建基准 CSYS

操作技巧 👉

在 UG NX 10.0 中，还可以通过在功能区"主页"选项卡的"特征"选项组中，单击"基准平面"按钮，在弹出的列表框中单击"基准 CSYS"按钮，如图 3-32 所示，将弹出"基准 CSYS"对话框，在"类型"列表框中有多种类别可选，如图 3-33 所示，然后在绘图区中选择相应的对象，单击"确定"按钮，即可创建基准 CSYS。

图 3-32 单击"基准 CSYS"按钮

图 3-33 "基准 CSYS"对话框

在"基准 CSYS"对话框的"类型"列表框中，各主要选项含义如下。

● "自动判断"选项：通过选择对象或输入沿 X、Y 和 Z 轴方向的偏置来定义一个坐标系。

● "原点，X 点，Y 点"选项：利用绘制点功能先后指定 3 个点来定义一个坐标系。这 3 个点分别是原点、X 轴上的点和 Y 轴上的点。

● "X 轴，Y 轴，原点"选项：先利用绘制点功能指定一个点作为坐标系原点，再利用矢量创建功能先后选择或定义两个矢量，这样就创建了基准 CSYS。

● "三平面"选项：通过依次选择 3 个平面来定义一个坐标系。3 个平面的交点为坐标系的原点，第一个面的法向为 X 轴，第一个面与第二个面的交线方向为 Z 轴。

- "绝对 CSYS"选项：在绝对坐标系的原点处定义一个新的坐标系。
- "当前视图的 CSYS"选项：利用当前视图定义一个新的坐标系，且 XY 平面为当前视图的所在平面。

任务2 创建模型基本实体

直接生成实体模型的方法一般称为基本实体特征，可以用于创建简单形状的对象。基本实体特征包括长方体、圆柱体、圆锥体、球体等特征。由于这些特征与其他特征不存在相关性，因此在创建模型时，一般绘制基本实体特征作为第一个创建的对象。

本任务创建如图 3-34 所示的模型基本实体，具体通过"长方体"命令、"圆锥"命令、"圆柱"命令以及"球"命令创建模型的基本实体，掌握实体模型的创建方法。

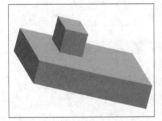
创建长方体
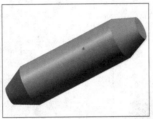
创建圆锥

创建圆柱体

图 3-34 创建模型基本实体

子任务1 创建实体长方体模型

任务描述

在 UG NX 10.0 中，使用"块"命令，可以创建具有规则实体模型形状的长方体或正方体等实体特征。本任务创建如图 3-35 所示的模型长方体实体效果。

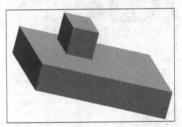
图 3-35 创建长方体

素材位置	光盘 \ 素材文件 \ 项目 3\ 任务 2- 子任务 1.prt
效果位置	光盘 \ 效果文件 \ 项目 3\ 任务 2- 子任务 1.prt
视频位置	光盘 \ 视频文件 \ 项目 3\ 任务 2\ 子任务 1 创建实体长方体模型 .mp4

操作步骤

STEP 01 按【Ctrl + O】组合键，打开素材模型文件，如图 3-36 所示。

STEP 02 在"主页"选项卡的"特征"选项组中单击"拉伸"下方的下拉按钮，在弹出的面板中单击"块"按钮 ◉，如图 3-37 所示。

STEP 03 弹出"块"对话框，在绘图区中合适的点上单击，如图 3-38 所示。

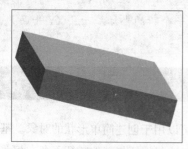

图 3-36　素材模型

图 3-37　单击"块"按钮

STEP 04 在"块"对话框中的"尺寸"选项区中，设置"长度"为 10mm、"宽度"为 20mm、"高度"为 20mm，单击"确定"按钮，如图 3-39 所示，执行操作后，即可创建长方体模型。

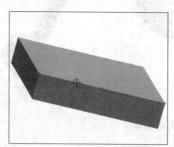

图 3-38　单击"确定"按钮

图 3-39　创建块

操作技巧　👉

单击"菜单"|"插入"|"设计特征"|"长方体"命令，如图 3-40 所示，执行操作后，也可以快速在绘图区中创建长方体实体模型。

图 3-40　单击"长方体"命令

单击"菜单"命令，在弹出的菜单列表中依次按键盘上的【S】、【E】、【K】键，也可以快速弹出"块"对话框，创建块实体对象。

子任务 2　创建倒角圆柱的圆锥

任务描述

在 UG NX 10.0 中，圆锥体也是经常使用的基本实体特征，它的创建方法与创建长方体的方法类似。本任务创建如图 3-41 所示的实体模型效果。

图 3-41　创建圆锥

素材位置	光盘 \ 素材 \ 项目 3\ 任务 2- 子任务 2.prt
效果位置	光盘 \ 效果 \ 项目 3\ 任务 2- 子任务 2.prt
视频位置	光盘 \ 视频 \ 项目 3\ 任务 2\ 子任务 2 创建倒角圆柱的圆锥 .mp4

操作步骤

STEP 01 按【Ctrl + O】组合键，打开素材模型文件，如图 3-42 所示。

STEP 02 在"主页"选项卡的"特征"选项组中，单击"拉伸"下方的下拉按钮，在弹出的面板中单击"圆锥"按钮 ⬦，如图 3-43 所示。

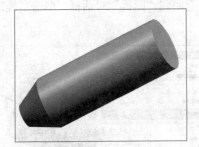

图 3-42　素材模型

图 3-43　单击"圆锥"按钮

操作技巧 👉

单击"菜单"|"插入"|"设计特征"|"圆锥"命令，如图 3-44 所示，执行操作后，也可以快速在绘图区中创建圆锥实体模型。

图 3-44　单击"圆锥"命令

STEP 03 弹出"圆锥"对话框，在"尺寸"选项区中，设置"底部直径"为 0.9、"顶部直径"为 0.5、"高度"为 0.5，在"轴"选项区中单击"点对话框"按钮 ，如图 3-45 所示。

STEP 04 弹出"点"对话框，单击"类型"右侧的下拉按钮，在弹出的列表框中选择"圆弧中心 / 椭圆中心 / 球心"选项，如图 3-46 所示。

图 3-45　单击"点对话框"按钮　　　　　图 3-46　选择相应选项

STEP 05 在绘图区中，选择相应的边线，如图 3-47 所示。

STEP 06 执行操作后，单击"确定"按钮，返回到"圆锥"对话框，单击"确定"按钮，如图 3-48 所示，即可创建圆锥。

图 3-47　选择相应边线　　　　　　　图 3-48　单击"确定"按钮

操作技巧 👉

单击"菜单"命令，在弹出的菜单列表中依次按键盘上的【S】、【E】、【O】键，也可以快速弹出"圆锥"对话框，创建圆锥实体对象。

子任务 3　创建圆柱实体模型

任务描述

在 UG NX 10.0 中，圆柱体是建模中经常使用的基本实体特征，影响其性质的参数分别为直径和高度（或高度和弧）。本任务创建如图 3-49 所示的实体模型效果。

图 3-49 创建圆柱

素材位置	光盘 \ 素材 \ 项目 3\ 任务 2- 子任务 3.prt
效果位置	光盘 \ 效果 \ 项目 3\ 任务 2- 子任务 3.prt
视频位置	光盘 \ 视频 \ 项目 3\ 任务 2\ 子任务 3 创建圆柱实体模型 .mp4

操 作 步 骤

STEP 01 按【Ctrl ＋ O】组合键，打开素材模型文件，如图 3-50 所示。

STEP 02 在"主页"选项卡的"特征"选项组中单击"拉伸"下方的下拉按钮，在弹出的面板中单击"圆柱"按钮，如图 3-51 所示。

图 3-50 素材模型　　　　　　图 3-51 单击"圆柱"按钮

STEP 03 在"尺寸"选项区中，设置"直径"为 1、"高度"为 5，在"轴"选项区中，单击"点对话框"按钮，如图 3-52 所示。

STEP 04 弹出"点"对话框，单击"类型"右侧的下拉按钮，在弹出的列表框中选择相应选项，如图 3-53 所示。

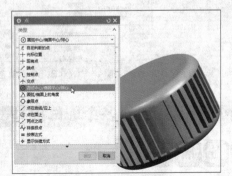

图 3-52 单击"点对话框"按钮　　　　　图 3-53 选择相应选项

操作技巧 👉

在"圆柱"对话框中，各主要选项含义如下。

- "类型"列表框：该列表框包括了两种创建圆柱体的方式，"轴、直径和高度"和"圆弧和高度"方式。
- "直径"文本框：用于设置圆柱体对象的直径参数。
- "高度"文本框：用于设置圆柱体对象的高度参数。

STEP 05 在绘图区中，选择相应的边线，如图 3-54 所示。

STEP 06 执行操作后，单击"确定"按钮，返回到"圆柱"对话框，单击"确定"按钮，如图 3-55 所示，执行操作后，即可创建圆柱。

图 3-54　选择相应的边线

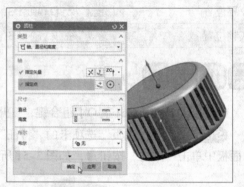

图 3-55　单击"确定"按钮

操作技巧 👉

单击"菜单"|"插入"|"设计特征"|"圆柱体"命令，如图 3-56 所示，执行操作后，也可以快速在绘图区中创建圆柱实体模型。

图 3-56　单击"圆柱体"命令

子任务 4　创建多个球体模型

任 务 描 述

在 UG NX 10.0 中，球体是在三维空间中，到一个点（即球心）距离相等的所有点的集合形成的实体特征。本任务创建如图 3-57 所示的实体模型效果。

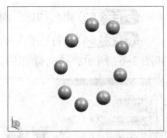

图 3-57　创建球体

素材位置	光盘 \ 素材 \ 项目 3\ 任务 2- 子任务 4.prt
效果位置	光盘 \ 效果 \ 项目 3\ 任务 2- 子任务 4.prt
视频位置	光盘 \ 视频 \ 项目 3\ 任务 2\ 子任务 4 创建多个球体模型 .mp4

操作步骤

STEP 01 按【Ctrl + O】组合键，打开素材模型文件，如图 3-58 所示。

STEP 02 在 "主页" 选项卡的 "特征" 选项组中单击 "拉伸" 下方的下拉按钮，在弹出的面板中单击 "球" 按钮 ⬤，如图 3-59 所示。

图 3-58　素材模型

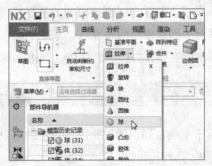

图 3-59　单击 "球" 按钮

操作技巧 👉

单击 "菜单" | "插入" | "设计特征" | "球" 命令，如图 3-60 所示，执行操作后，也可以快速在绘图区中创建球体模型。

图 3-60　单击 "球" 命令

STEP 03 弹出"球"对话框，在绘图区中合适位置上单击，如图 3-61 所示。

STEP 04 执行操作后，在"球"对话框中，设置"直径"为 16mm，单击"确定"按钮，如图 3-62 所示，执行操作后，即可创建球。

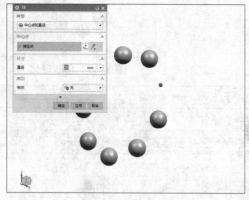

图 3-61　单击

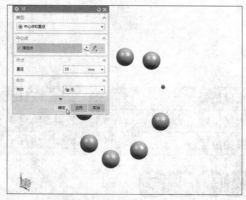

图 3-62　单击"确定"按钮

项 目 小 结

本项目主要学习了创建模型的基准特征和基本实体的操作方法，通过本项目的学习，用户应该掌握了创建模型的基准点、基准平面、基准轴和基准 CSYS 等基准特征的方法，还学习了创建模型的实体长方体、圆柱体、圆锥和球体的操作技巧。

课 后 习 题

鉴于本项目知识的重要性，为帮助用户更好地掌握所学知识，通过课后习题对本项目内容进行简单的知识回顾。

素材位置	光盘 \ 素材 \ 项目 3\ 课后习题 .prt
效果位置	光盘 \ 效果 \ 项目 3\ 课后习题 .prt
学习目标	通过"圆柱"按钮，掌握圆柱体的创建方法。

本习题需要创建圆柱体，素材如图 3-63 所示，最终效果如图 3-64 所示。

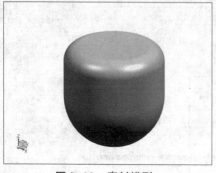

图 3-63　素材模型

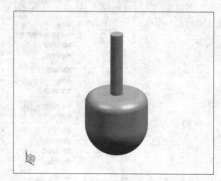

图 3-64　创建圆柱体的效果图

项目 **4** 创建复杂 UG 实体模型

项目导读

　　UG NX 10.0 继承了 UG 软件传统的线、面、体造型特点，能够方便、快捷地创建实体模型。通过拉伸、回转和扫描等建模工具，可以精确地创建任何形状的几何形体。本项目主要学习创建模型扫描特征、设计特征的操作方法。

任务 1　创建模型扫描特征

扫描就是沿一定的扫描轨迹，使用二维图形创建三维实体的过程。拉伸特征和旋转特征都可以看作是扫描特征的特例，拉伸特征的扫描轨迹是垂直于草绘平面的直线，而旋转特征的扫描轨迹是圆周。扫描特征中有两大基本元素：扫描轨迹和扫描截面。利用扫描特征工具将二维图形轮廓线作为截面轮廓，并沿所指定的引导路径曲线运动扫掠，从而得到所需的三维实体特征。

本任务创建如图 4-1 所示的三维实体模型，具体通过扫描特征中的"拉伸"命令、"旋转"命令以及"管道"命令创建模型的三维实体效果，掌握实体模型的创建方式。

创建台灯罩模型

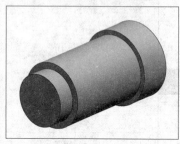
创建实体圆柱模型

创建茶壶实体模型

图 4-1　创建模型扫描特征

子任务 1　创建台灯罩模型

任 务 描 述

虽然在草图模式下绘制和编辑曲线在与建模模式下绘制和编辑曲线大致相同，但是草图也有其特征。本任务创建如图 4-2 所示的模型并进行拉伸处理。

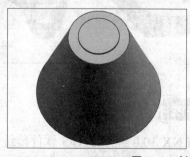

图 4-2　创建台灯罩模型

素材位置	光盘 \ 素材 \ 项目 4\ 任务 1- 子任务 1.prt
效果位置	光盘 \ 效果 \ 项目 4\ 任务 1- 子任务 1.prt
视频位置	光盘 \ 视频 \ 项目 4\ 任务 1\ 子任务 1 创建台灯罩模型 .mp4

操 作 步 骤

STEP 01 按【Ctrl + O】组合键，打开素材模型文件，如图 4-3 所示。

STEP 02 在"主页"选项卡的"特征"选项组中单击"拉伸"按钮，如图 4-4 所示。

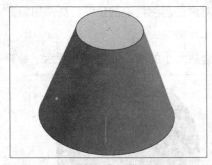

图 4-3 素材模型

图 4-4 单击"拉伸"按钮

STEP 03 弹出"拉伸"对话框，在绘图区中合适的平面上单击，将其作为要拉伸的面，如图 4-5 所示。

STEP 04 进入草图环境，在功能区"曲线"选项组中单击"圆"按钮，如图 4-6 所示。

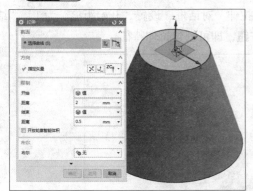

图 4-5 在平面上单击

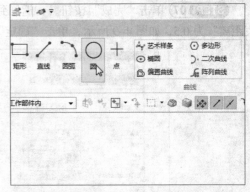

图 4-6 单击"圆"按钮

在"拉伸"对话框中，单击"布尔"右侧的下拉按钮，在弹出的列表框中各主要选项含义如下。

- 无：创建独立的拉伸实体。
- 求和：将拉伸体积与目标体合并单个体。
- 求差：从目标体移除拉伸体。
- 求交：创建一个体，其中包含由拉伸特征和与它相交的现有体共享的体积。

在"拉伸"对话框中，单击"拔模"右侧的下拉按钮，在弹出的列表框中各选项的含义如下。

- 无：不创建拔模。
- 从起始限制：创建从拉伸起始限制开始的拔模。
- 从截面：创建从拉伸截面开始的拔模。
- 从截面非对称角度：在从截面的两侧延伸拉伸特征时可用。
- 从截面对称角度：在从截面的两侧延伸拉伸特征时可用。

在"拉伸"对话框中，单击"偏置"右侧的下拉按钮，在弹出的列表框中各主要选项含义如下。

- 无：不创建也不偏置。
- 单侧：将单侧偏置添加到拉伸特征。这种偏置用于填充孔和创建凸台，从而简化部件开发。

● 两侧：向具有开始与结束值的拉伸特征添加偏置。

● 对称：向具有重复开始与结束值（从截面的相对两侧起测量）的拉伸特征添加偏置。

STEP 05 将鼠标指针移至图形上，拖动，如图 4-7 所示。

STEP 06 至合适位置后，再次单击，绘制一个合适大小的圆，如图 4-8 所示。

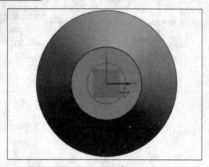

图 4-7 拖动

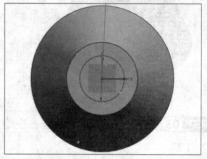

图 4-8 绘制一个合适大小的圆

STEP 07 单击"完成"按钮 ，返回到"拉伸"对话框，设置"开始距离"为 1、"结束距离"为 0.5，如图 4-9 所示，单击"确定"按钮，即可创建拉伸特征。

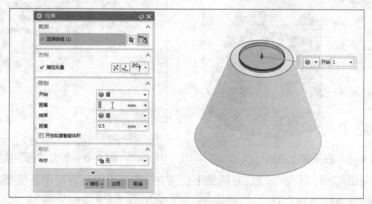

图 4-9 设置相关参数

操作技巧 👉

　　在 UG NX 10.0 中，单击"菜单" | "插入" | "设计特征" | "拉伸"命令，如图 4-10 所示，也可以快速对模型进行拉伸操作。

图 4-10 单击"拉伸"命令

子任务 2 创建实体圆柱模型

任务描述

旋转是指将草图截面或曲线等二维对象绕所指定的旋转轴线旋转一定角度而形成的实体模型，如带轮、法兰盘和轴类等零件。本任务创建如图 4-11 所示的实体圆柱模型。

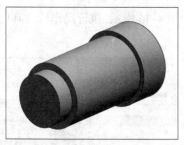 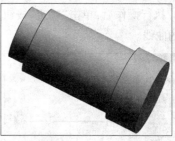

图 4-11 创建实体圆柱模型

素材位置	光盘 \ 素材 \ 项目 4\ 任务 1- 子任务 2.prt
效果位置	光盘 \ 效果 \ 项目 4\ 任务 1- 子任务 2.prt
视频位置	光盘 \ 视频 \ 项目 4\ 任务 1\ 子任务 2 创建实体圆柱模型 .mp4

操作步骤

STEP 01 按【Ctrl + O】组合键，打开素材模型文件，如图 4-12 所示。

STEP 02 在"主页"选项卡的"特征"选项组中单击"拉伸"下方的下拉按钮，在弹出的面板中单击"旋转"按钮 ，弹出"旋转"对话框，在绘图区中，选择所有曲线为旋转对象，然后单击"指定矢量"按钮，如图 4-13 所示。

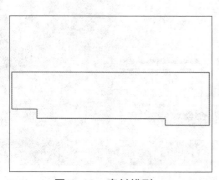 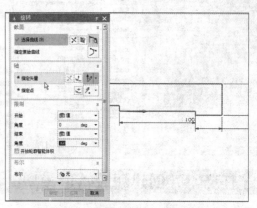

图 4-12 素材模型 图 4-13 单击"指定矢量"按钮

操作技巧 ☞

在"旋转"对话框中，各主要选项区的含义如下。

● 截面：截面可以包含曲线或边的一个或多个开放或封闭集合。

● 轴：用于选择并定位旋转轴。

● 限制：起始和终止限制表示旋转体的相对两端，绕旋转轴从 0 到 360 度。

● 布尔：使用布尔选项可指定旋转特征与所接触体的交互方式。

● 偏置：使用此选项可通过将偏置添加到截面的两侧来创建实体。

STEP 03 在绘图区中选择相应的直线，如图 4-14 所示。

STEP 04 执行操作后，单击"确定"按钮，如图 4-15 所示，执行操作后，即可创建旋转特征，然后隐藏相应的曲线。

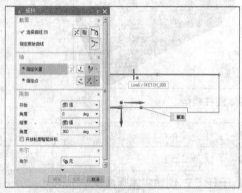

图 4-14　选择直线

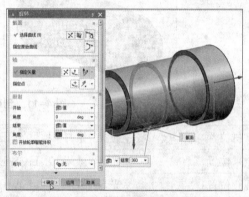

图 4-15　单击"确定"按钮

操作技巧 ☞

在 UG NX 10.0 中，单击"菜单"｜"插入"｜"设计特征"｜"旋转"命令，如图 4-16 所示，也可以快速创建模型的旋转特征。

图 4-16　单击"旋转"命令

子任务 3　创建塑胶管道模型

任务描述

管道特征是指把引导线作为旋转中心线旋转而成的一类特征。需要注意的是，引导线串必须光滑、相切和连续。本任务创建如图 4-17 所示的塑胶管道实体模型。

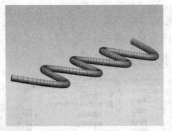

图 4-17　创建塑胶管道模型

素材位置	光盘 \ 素材 \ 项目 4\ 任务 1- 子任务 3.prt
效果位置	光盘 \ 效果 \ 项目 4\ 任务 1- 子任务 3.prt
视频位置	光盘 \ 视频 \ 项目 4\ 任务 1\ 子任务 3 创建塑胶管道模型 .mp4

操作步骤

STEP 01　按【Ctrl + O】组合键，打开素材模型文件，如图 4-18 所示。

STEP 02　在 "主页" 选项卡的 "曲面" 选项组中单击 "曲面" 下方的下拉按钮，在弹出的面板中单击 "更多" 下拉按钮，在弹出的面板中单击 "管道" 按钮，如图 4-19 所示。

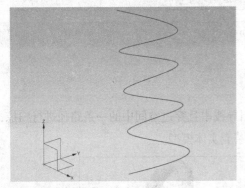

图 4-18　素材模型

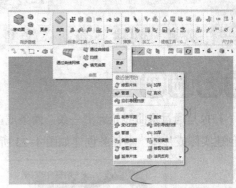

图 4-19　单击 "管道" 按钮

STEP 03　弹出 "管道" 对话框，在绘图区中选择合适的曲线，如图 4-20 所示。

STEP 04　设置 "外径" 为 10、"内径" 为 2，如图 4-21 所示，单击 "确定" 按钮，即可创建管道特征。

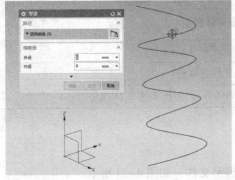

图 4-20　选择合适的曲线

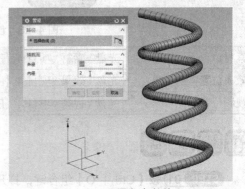

图 4-21　设置各参数值

操作技巧 ☞

在 UG NX 10.0 中，单击"菜单"｜"插入"｜"扫掠"｜"管道"命令，如图 4-22 所示，也可以快速创建模型的管道特征。

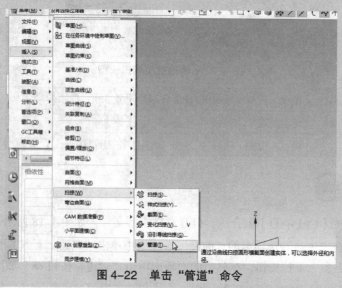

图 4-22　单击"管道"命令

子任务 4　创建茶壶实体模型

任 务 描 述

扫掠是通过将曲线轮廓沿一条、两条或三条引导线串且穿过空间中的一条路径进行扫掠，来创建实体或片体。本任务创建如图 4-23 所示的茶壶实体模型。

图 4-23　创建茶壶实体模型

素材位置	光盘 \ 素材 \ 项目 4\ 任务 1– 子任务 4.prt
效果位置	光盘 \ 效果 \ 项目 4\ 任务 1– 子任务 4.prt
视频位置	光盘 \ 视频 \ 项目 4\ 任务 1\ 子任务 4 创建茶壶实体模型 .mp4

操 作 步 骤

STEP 01 按【Ctrl ＋ O】组合键，打开素材模型文件，如图 4-24 所示。

STEP 02 在"主页"选项卡的"曲面"选项组中单击"曲面"下方的下拉按钮，在弹出的面板中单击"更多"下拉按钮，在弹出的面板中单击"沿引导线扫掠"按钮 ，弹出"沿引导线扫掠"对话框，在绘图区中选择合适的曲线作为截面曲线，如图 4-25 所示。

图 4-24　素材模型

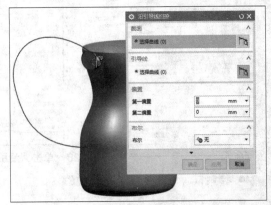

图 4-25　选择曲线

操作技巧 👉

沿引导线扫掠就是通过沿着由一个或一系列曲线、边或面构成的引导线拉伸开放的或封闭的边界草图、曲线、边或面来生成单个体。

STEP 03 在"引导线"选项区中，单击"曲线"按钮 ，在绘图区中选择合适的曲线作为引导线，如图 4-26 所示。

STEP 04 执行操作后，单击"确定"按钮，如图 4-27 所示，执行操作后，即可创建扫掠特征，然后隐藏相应的曲线。

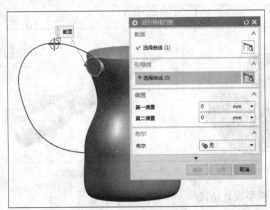

图 4-26　选择曲线

图 4-27　单击"确定"按钮

操作技巧 👉

在 UG NX 10.0 中，单击"菜单"|"插入"|"扫掠"|"沿引导线扫掠"命令，如图 4-28 所示，也可以快速创建扫掠特征。

在通过扫掠编辑模型时，用户可以进行以下操作。

● 通过沿引导曲线对齐截面线串，可以控制扫掠体的形状。

图 4-28　单击"沿引导线扫掠"命令

● 控制截面沿引导线串扫掠时的方位。
● 缩放扫掠体。
● 使用脊线串使曲面上的等参数曲线变均匀。

任务 2　创建模型设计特征

设计特征是在已存实体模型上添加或移除一部分结构，从而得到具有一定规则形状的特征。因为设计特征与实体模型具有相关性，所以不能够独立存在。设计特征主要包括孔、凸台、垫块、腔体、螺纹和三角形加强筋等特征。

本任务创建如图 4-29 所示的模型设计特征，具体通过设计特征中的"孔"命令、"腔体"命令以及"键槽"命令创建模型的三维实体效果，掌握实体模型的创建方法。

创建螺帽模型

创建圆柱内方模型

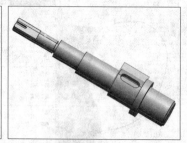

创建转动轴模型

图 4-29　创建模型设计特征

子任务 1　创建螺帽模型

任 务 描 述

孔特征是一种特殊的拉伸与旋转特征。孔特征的横向截面为圆形，纵向截面为一种旋转中心呈对称的图形，其作用是移除实体模型上的某一部分。本任务创建如图 4-30 所示的螺帽模型。

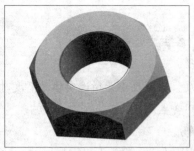

图 4-30　创建螺帽模型

素材位置	光盘 \ 素材 \ 项目 4\ 任务 2- 子任务 1.prt
效果位置	光盘 \ 效果 \ 项目 4\ 任务 2- 子任务 1.prt
视频位置	光盘 \ 视频 \ 项目 4\ 任务 2\ 子任务 1 创建螺帽模型 .mp4

操 作 步 骤

STEP 01 按【Ctrl + O】组合键，打开素材模型文件，如图 4-31 所示。

STEP 02 在"主页"选项卡的"特征"选项组中单击"孔"按钮🔩，如图 4-32 所示。

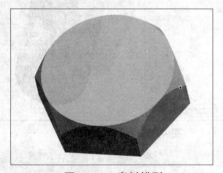

图 4-31　素材模型

图 4-32　单击"孔"按钮

STEP 03 弹出"孔"对话框，在"位置"选项区单击"绘制截面"按钮📖，如图 4-33 所示。

STEP 04 弹出"创建草图"对话框，在绘图区中选择合适的表面对象，单击"确定"按钮，如图 4-34 所示。

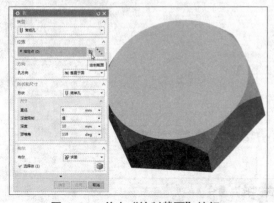

图 4-33　单击"绘制截面"按钮

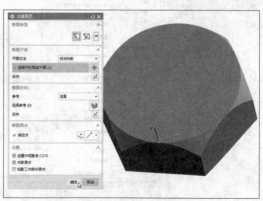

图 4-34　单击"确定"按钮

操作技巧 👉

在"孔"特征的"形状和尺寸"选项区中，各主要选项的含义如下。

- "直径"文本框：用于设置简单孔的直径。
- "深度"文本框：用于设置简单孔的深度，当深度小于所选实体的高度时，则会生成盲孔；当深度大于所选实体的高度时，则会生成通孔。
- "顶锥角"文本框：用于设置孔尖的夹角度。

STEP 05 在功能区中，单击"圆"按钮，在绘图区中的圆心位置处绘制圆对象，如图 4-35 所示。

STEP 06 执行操作后，单击"完成"按钮 👷，返回"孔"对话框，在"尺寸"选项区设置"直径"为 6 mm、"深度"为 10 mm、"顶锥角"为 118 deg，如图 4-36 所示，单击"确定"按钮，即可创建孔特征。

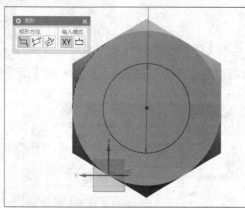

图 4-35　绘制圆对象

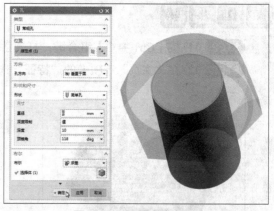

图 4-36　设置各参数

操作技巧 👉

在 UG NX 10.0 中，单击"菜单"｜"插入"｜"设计特征"｜"孔"命令，如图 4-37 所示，也可以快速创建孔特征。

图 4-37　单击"孔"命令

子任务 2　创建椭圆拔模模型

任务描述

在 UG NX 10.0 中，凸台特征是指在已存在的实体表面上创建圆柱形或圆锥形凸台。凸台特征与孔特征类似，只是凸台的生成方向与孔特征的方向相反，其法向是指向实体的外侧。本任务创建如图 4-38 所示的椭圆拔模模型。

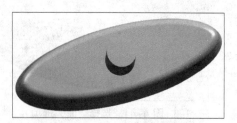

图 4-38　创建椭圆拔模模型

素材位置	光盘 \ 素材 \ 项目 4\ 任务 2- 子任务 2.prt
效果位置	光盘 \ 效果 \ 项目 4\ 任务 2- 子任务 2.prt
视频位置	光盘 \ 视频 \ 项目 4\ 任务 2\ 子任务 2 创建椭圆拔模模型 .mp4

操作步骤

STEP 01 按【Ctrl + O】组合键，打开素材模型文件，如图 4-39 所示。

STEP 02 在"主页"选项卡的"特征"选项组中单击"拉伸"下方的下拉按钮，在弹出的面板中单击"凸台"按钮📦，如图 4-40 所示。

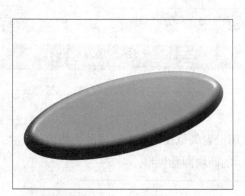

图 4-39　素材模型

图 4-40　单击"凸台"命令

STEP 03 弹出"凸台"对话框，设置"直径"为 20mm、"高度"为 30mm，单击"过滤器"右侧的下拉按钮，在弹出的列表框中，选择"面"选项，如图 4-41 所示。

STEP 04 在绘图区中的模型表面上，单击，如图 4-42 所示，在"凸台"对话框中，单击"确定"按钮，弹出"定位"对话框，单击"确定"按钮，执行操作后，即可创建凸台特征。

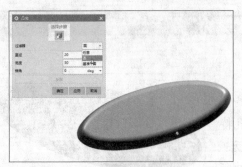

图 4-41　选择"面"选项

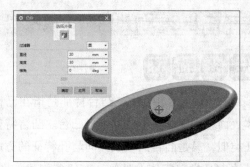

图 4-42　在模型表面单击

操作技巧 ☞

在 UG NX 10.0 中，单击"菜单"｜"插入"｜"设计特征"｜"凸台"命令，如图 4-43 所示，也可以快速创建凸台特征。

在"凸台"对话框中设置凸台锥角参数时，不能使顶部直径为负值。

图 4-43　单击"凸台"命令

子任务 3　创建凸块圆孔模型

任 务 描 述

在 UG NX 10.0 中，使用"凸起"命令，可以用沿着矢量投影截面形成的面修改体，并可以选择端盖位置和形状。本任务创建如图 4-44 所示的凸块圆孔模型。

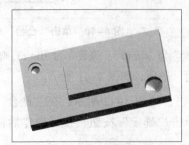

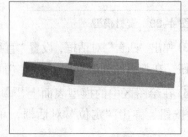

图 4-44　创建凸块圆孔模型

素材位置	光盘 \ 素材 \ 项目 4\ 任务 2- 子任务 3.prt
效果位置	光盘 \ 效果 \ 项目 4\ 任务 2- 子任务 3.prt
视频位置	光盘 \ 视频 \ 项目 4\ 任务 2\ 子任务 3 创建凸块圆孔模型 .mp4

操 作 步 骤

STEP 01 按【Ctrl + O】组合键，打开素材模型文件，如图 4-45 所示。

STEP 02 在"主页"选项卡的"特征"选项组中单击"拉伸"下方的下拉按钮，在弹出的面组中单击"凸起"按钮，弹出"凸起"对话框，在绘图区中选择合适的曲线作为截面曲线，如图 4-46 所示。

图 4-45　素材模型

STEP 03 在"要凸起的面"选项区中，单击"要凸起的面"按钮，在绘图区中，选择最上方的表面对象，如图 4-47 所示。

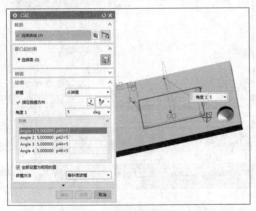

图 4-46　选择曲线

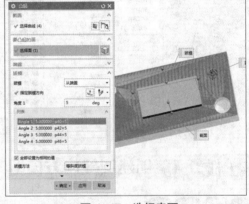

图 4-47　选择表面

STEP 04 在"凸起方向"选项区中，指定方向为 ZC 轴，如图 4-48 所示。

STEP 05 在"端盖"选项区中，设置"几何体"为"凸起的面"，并在"距离"文本框中输入 15，如图 4-49 所示，单击"确定"按钮，执行操作后，即可创建凸起特征。

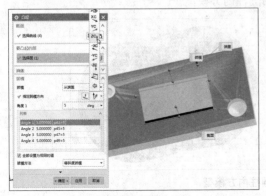

图 4-48　指定 ZC 方向

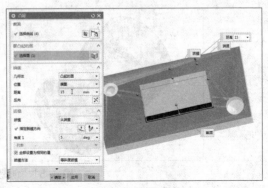

图 4-49　设置参数

操作技巧 ☞

在"凸起"对话框中，各主要选项的含义如下。

- "截面"选项区：用于选择创建凸起特征的曲线对象。
- "要凸起的面"选项区：用于选择创建凸起特征的平面对象。
- "凸起方向"选项区：用于指定凸起特征的方向。
- "位置"列表框：用于设置端盖对象的位置。
- "距离"文本框：用于设置凸起特征的距离参数。

在 UG NX 10.0 中，单击"菜单"｜"插入"｜"设计特征"｜"凸起"命令，如图 4-50 所示，也可以快速创建凸起特征。

图 4-50　单击"凸起"命令

子任务 4　创建圆柱内方模型

任 务 描 述

腔体特征的创建是从实体模型中按一定的形状切除对象的某一部分，包括圆柱形、矩形和常规 3 种腔体特征。使用"腔体"命令，可以从实体移除材料，或用沿矢量对截面进行投影生成的面来修改片体。本任务创建如图 4-51 所示的圆柱内方模型。

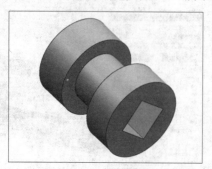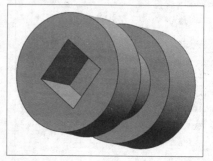

图 4-51　创建圆柱内方模型

素材位置	光盘 \ 素材 \ 项目 4\ 任务 2- 子任务 4.prt
效果位置	光盘 \ 效果 \ 项目 4\ 任务 2- 子任务 4.prt
视频位置	光盘 \ 视频 \ 项目 4\ 任务 2\ 子任务 4 创建圆柱内方模型 .mp4

操 作 步 骤

STEP 01 按【Ctrl + O】组合键，打开素材模型文件，如图 4-52 所示。

STEP 02 在"主页"选项卡的"特征"选项组中单击"拉伸"下方的下拉按钮，在弹出的面板中单击"腔体"按钮 ◙，弹出"腔体"对话框，在其中单击"矩形"按钮，如图 4-53 所示。

图 4-52 素材模型

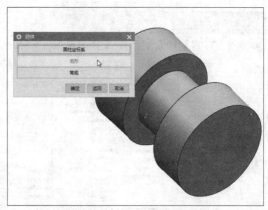

图 4-53 单击"矩形"按钮

STEP 03 弹出"矩形腔体"对话框，选择模型的下表面，如图 4-54 所示。

STEP 04 弹出"矩形腔体"对话框，设置"长度"为 25mm、"宽度"为 25mm、"深度"为 30mm，如图 4-55 所示。

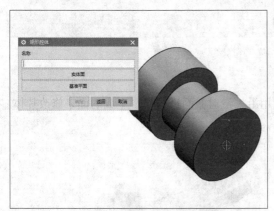

图 4-54 选择下表面

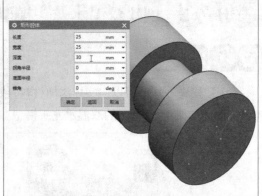

图 4-55 设置参数

STEP 05 单击"确定"按钮，弹出"定位"对话框，单击"确定"按钮，如图 4-56 所示。

STEP 06 执行操作后，弹出"矩形腔体"对话框，单击"取消"按钮，即可创建矩形腔体特征，如图 4-57 所示。

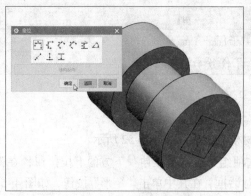

图 4-56　单击"确定"按钮

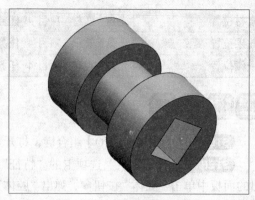

图 4-57　创建矩形腔体特征

操作技巧 👉

　　在 UG NX 10.0 中，单击"菜单"｜"插入"｜"设计特征"｜"腔体"命令，如图 4-58 所示，也可以快速创建腔体特征。

图 4-58　单击"腔体"命令

子任务 5　创建双温水龙头模型

任 务 描 述

　　使用"垫块"命令，可以向实体添加材料，或用沿矢量对截面进行投影生成的面来修改片体。本任务创建如图 4-59 所示的双温水龙头模型。

图 4-59　创建双温水龙头模型

素材位置	光盘 \ 素材 \ 项目 4\ 任务 2- 子任务 5.prt
效果位置	光盘 \ 效果 \ 项目 4\ 任务 2- 子任务 5.prt
视频位置	光盘 \ 视频 \ 项目 4\ 任务 2\ 子任务 5 创建双温水龙头模型 .mp4

操 作 步 骤

STEP 01 按【Ctrl + O】组合键，打开素材模型文件，如图 4-60 所示。

STEP 02 在 "主页" 选项卡的 "特征" 选项组中单击 "拉伸" 下方的下拉按钮，在弹出的面板中单击 "垫块" 按钮 ，弹出 "垫块" 对话框，单击 "矩形" 按钮，如图 4-61 所示。

图 4-60 素材模型

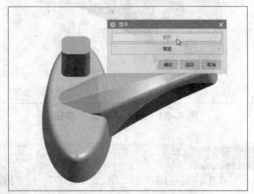

图 4-61 单击 "矩形" 按钮

操作技巧

在 "水平参考" 对话框中，各主要选项的含义如下。

● "终点" 按钮：单击该按钮，可以选择水平参考对象的终点。

● "实体面" 按钮：单击该按钮，可以选择水平参考对象的实体面。

● "基准轴" 按钮：单击该按钮，可以选择水平参考对象的基准轴。

● "基准平面" 按钮：单击该按钮，可以选择水平参考对象的基准平面对象。

STEP 03 弹出 "矩形垫块" 对话框，选择椭圆面为模型的放置面，如图 4-62 所示。

STEP 04 弹出 "水平参考" 对话框，选择合适的边为水平参考对象，如图 4-63 所示。

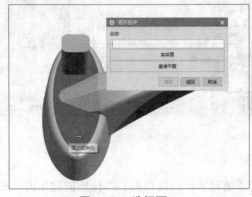

图 4-62 选择面

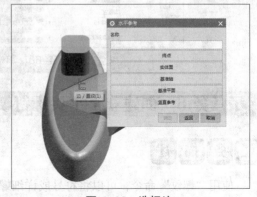

图 4-63 选择边

STEP 05 弹出"矩形垫块"对话框，设置"长度""宽度"和"高度"均为20、"拐角半径"为5，单击"确定"按钮，如图4-64所示。

STEP 06 弹出"定位"对话框，保持默认设置，单击"确定"按钮，如图4-65所示，弹出"矩形垫块"对话框，单击"取消"按钮，即可创建垫块特征。

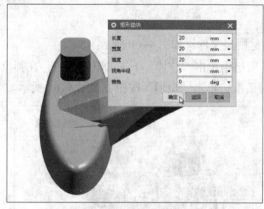

图4-64　单击"确定"按钮

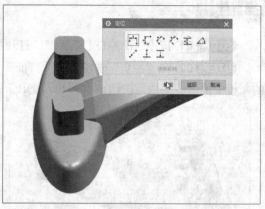

图4-65　弹出"定位"对话框

操作技巧 👉

在 UG NX 10.0 中，单击"菜单"｜"插入"｜"设计特征"｜"垫块"命令，如图4-66所示，也可以快速创建垫块特征。

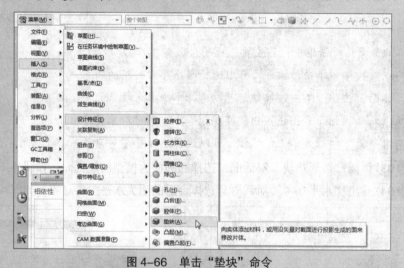

图4-66　单击"垫块"命令

子任务 6　创建一字平头螺钉模型

任 务 描 述

使用"螺纹"命令，可以将符号或详细螺纹添加到实体的圆柱面。本任务创建如图4-67所示的一字平头螺钉模型。

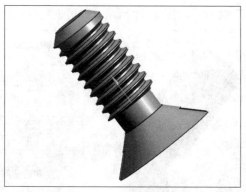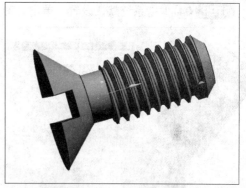

图 4-67　创建一字平头螺钉模型

素材位置	光盘 \ 素材 \ 项目 4\ 任务 2- 子任务 6.prt
效果位置	光盘 \ 效果 \ 项目 4\ 任务 2- 子任务 6.prt
视频位置	光盘 \ 视频 \ 项目 4\ 任务 2\ 子任务 6 创建一字平头螺钉模型 .mp4

操 作 步 骤

STEP 01 按【Ctrl + O】组合键，打开素材模型文件，如图 4-68 所示。

STEP 02 在"主页"选项卡的"特征"选项组中单击"拉伸"下方的下拉按钮，在弹出的面板中单击"螺纹"按钮 📇，如图 4-69 所示。

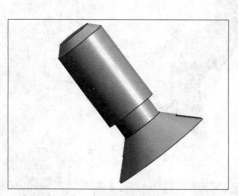

图 4-68　素材模型

图 4-69　单击"螺纹"按钮

操作技巧 👉

　　螺纹特征操作通常用于创建螺母等模型。创建螺纹特征是必须要指定转向法则的，一般为右手法则。

STEP 03 弹出"螺纹"对话框，在"螺纹类型"选择区中选中"详细"单选按钮，在绘图区中选择合适的圆柱面对象，如图 4-70 所示。

STEP 04 保持系统默认设置，单击"确定"按钮，如图 4-71 所示，即可创建螺纹特征。

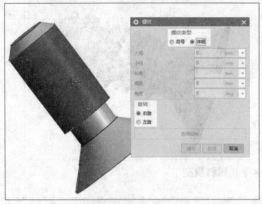

图 4-70　选择合适的圆柱面对象

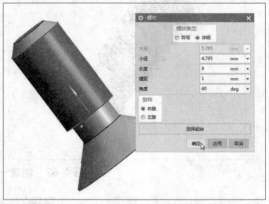

图 4-71　单击"确定"按钮

操作技巧 👉

　　在 UG NX 10.0 中，单击"菜单"｜"插入"｜"设计特征"｜"螺纹"命令，如图 4-72 所示，也可以快速创建螺纹特征。

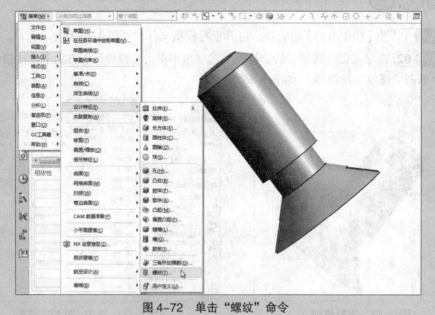

图 4-72　单击"螺纹"命令

子任务 7　创建转动轴模型

任务描述

　　在 UG NX 10.0 中，使用"键槽"命令，可以以直槽形状添加一条通道，使其通过实体，或在实体内部。本任务创建如图 4-73 所示的转动轴模型。

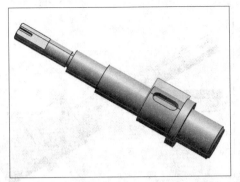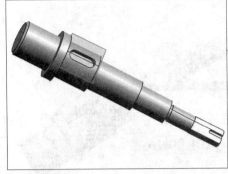

图 4-73　创建转动轴模型

素材位置	光盘 \ 素材 \ 项目 4\ 任务 2- 子任务 7.prt
效果位置	光盘 \ 效果 \ 项目 4\ 任务 2- 子任务 7.prt
视频位置	光盘 \ 视频 \ 项目 4\ 任务 2\ 子任务 7 创建转动轴模型 .mp4

操 作 步 骤

STEP 01 按【Ctrl + O】组合键，打开素材模型文件，如图 4-74 所示。

STEP 02 在"主页"选项卡的"特征"选项组中单击"拉伸"下方的下拉按钮，在弹出的面板中单击"键槽"按钮 🔷，弹出"键槽"对话框，选中"矩形槽"单选按钮，单击"确定"按钮，如图 4-75 所示。

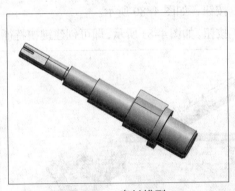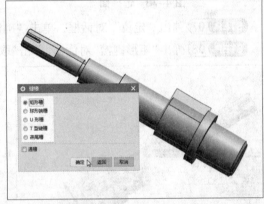

图 4-74　素材模型　　　　　　　图 4-75　单击"确定"按钮

STEP 03 弹出"矩形键槽"对话框，单击"基准平面"按钮，如图 4-76 所示。

STEP 04 弹出"选择对象"对话框，选择模型上合适的基准平面，如图 4-77 所示。

STEP 05 弹出信息提示框，单击"接受默认边"按钮，弹出"水平参考"对话框，单击"实体面"按钮，弹出"选择对象"对话框，在绘图区中选择合适的面，如图 4-78 所示。

STEP 06 弹出"矩形键槽"对话框，设置"长度"为 25、"宽度"为 10、"深度"为 5，单击"确定"按钮，如图 4-79 所示。

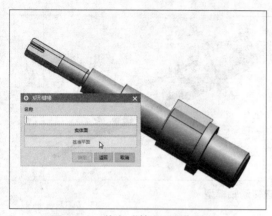

图 4-76　单击"基准平面"按钮

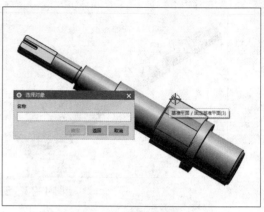

图 4-77　选择平面

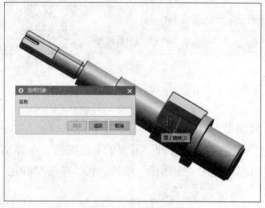

图 4-78　选择面

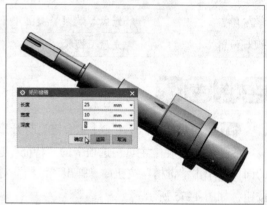

图 4-79　单击"确定"按钮

STEP 07 弹出"定位"对话框，单击"确定"按钮，如图 4-80 所示。

STEP 08 弹出"矩形键槽"对话框，单击"取消"按钮，如图 4-81 所示，即可创建键槽特征。

图 4-80　单击"确定"按钮

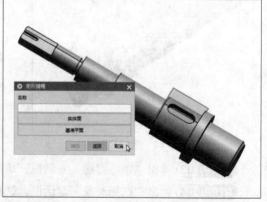

图 4-81　单击"取消"按钮

操作技巧 👉

在 UG NX 10.0 中，单击"菜单"｜"插入"｜"设计特征"｜"键槽"命令，如图 4-82 所示，也可以快速创建键槽特征。

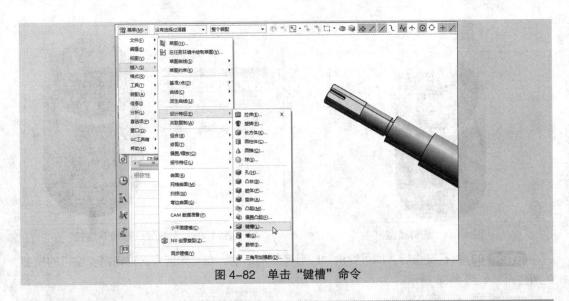

图 4-82　单击"键槽"命令

子任务 8　创建旋转件模型

任务描述

　　在 UG NX 10.0 中,使用"槽"命令,可以将一个外部或内部槽添加到实体的圆柱形或锥形面。本任务创建如图 4-83 所示的旋转件实体模型。

 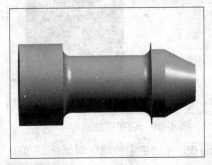

图 4-83　创建模型槽特征

素材位置	光盘 \ 素材 \ 项目 4\ 任务 2- 子任务 8.prt
效果位置	光盘 \ 效果 \ 项目 4\ 任务 2- 子任务 8.prt
视频位置	光盘 \ 视频 \ 项目 4\ 任务 2\ 子任务 8 创建旋转件模型 .mp4

操作步骤

　　STEP 01 按【Ctrl + O】组合键,打开素材模型文件,如图 4-84 所示。

　　STEP 02 在"主页"选项卡的"特征"选项组中单击"拉伸"下方的下拉按钮,在弹出的面板中单击"槽"按钮 🔳,弹出"槽"对话框,在其中单击"U 形槽"按钮,如图 4-85 所示。

图 4-84　素材模型

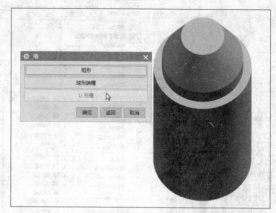

图 4-85　单击"U 形槽"按钮

STEP 03 执行操作后，即可弹出"U 形槽"对话框，在绘图区中，选择需要编辑的模型的圆柱面，如图 4-86 所示。

STEP 04 弹出"U 形槽"对话框，在其中设置"槽直径"为 0.625、"宽度"为 1、"拐角半径"为 0.1，如图 4-87 所示，单击"确定"按钮。

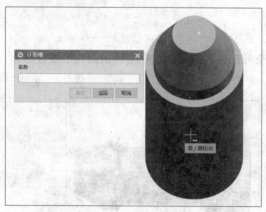

图 4-86　选择圆柱面

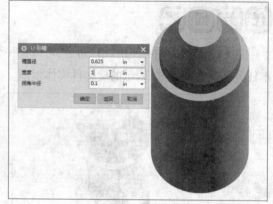

图 4-87　设置各参数值

STEP 05 弹出"定位槽"对话框，单击"确定"按钮，如图 4-88 所示。

STEP 06 弹出"U 形槽"对话框，单击"取消"按钮，如图 4-89 所示，即可创建槽特征。

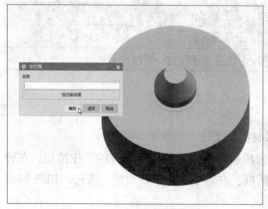

图 4-88　单击"确定"按钮

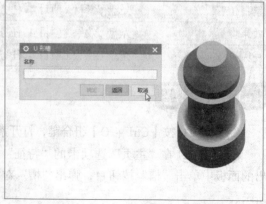

图 4-89　单击"取消"按钮

操作技巧 👉

在 UG NX 10.0 中，单击"菜单"|"插入"|"设计特征"|"槽"命令，如图 4-90 所示，也可以快速创建槽特征。

图 4-90 单击"槽"命令

子任务 9 创建方件加筋模型

任务描述

在 UG NX 10.0 中，使用"三角形加强筋"命令可以沿两组面的相交曲线添加三角形加强筋特征。本任务创建如图 4-91 所示的方件加筋模型。

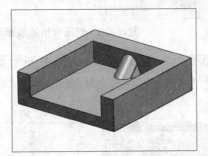 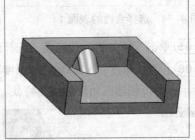

图 4-91 创建方件加筋模型

素材位置	光盘 \ 素材 \ 项目 4\ 任务 2- 子任务 9.prt
效果位置	光盘 \ 效果 \ 项目 4\ 任务 2- 子任务 9.prt
视频位置	光盘 \ 视频 \ 项目 4\ 任务 2\ 子任务 9 创建方件加筋模型 .mp4

操作步骤

STEP 01 按【Ctrl + O】组合键，打开素材模型文件，如图 4-92 所示。

STEP 02 在"主页"选项卡的"特征"选项组中单击"拉伸"下方的下拉按钮，在弹出的面板中单击"三角形加强筋"按钮 ，如图 4-93 所示。

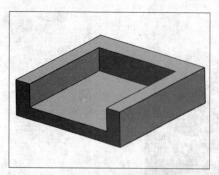

图 4-92　素材模型

图 4-93　单击"三角形加强筋"按钮

STEP 03 弹出"三角形加强筋"对话框，单击"第一组"按钮 ，如图 4-94 所示。

STEP 04 选择模型右侧合适的表面，如图 4-95 所示。

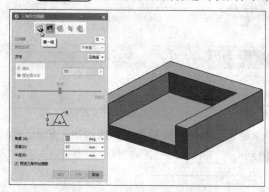

图 4-94　选择合适的表面 1

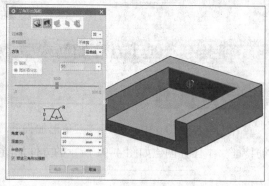

图 4-95　选择合适的表面 2

STEP 05 单击"第二组"按钮 ，选择模型下方合适的表面，如图 4-96 所示。

STEP 06 设置"角度"为 60deg、"深度"为 6mm、"半径"为 5mm，单击"确定"按钮，如图 4-97 所示，即可创建三角形加强筋特征。

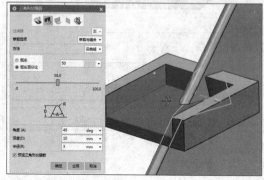

图 4-96　单击"确定"按钮

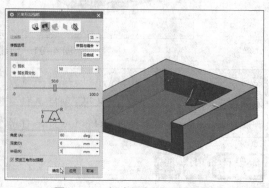

图 4-97　创建三角加强筋特征

操作技巧 👉

　　在 UG NX 10.0 中，单击"菜单"｜"插入"｜"设计特征"｜"三角形加强筋"命令，如图 4-98 所示，也可以快速创建三角形加强筋特征。

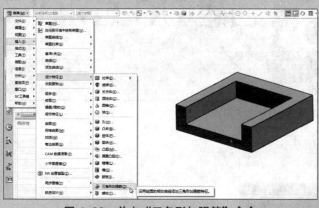

图 4-98　单击"三角形加强筋"命令

项 目 小 结

　　本项目主要学习了创建模型扫描特征和设计特征的操作方法，通过本项目的学习，用户应该掌握模型的拉伸、旋转、管道和扫掠等扫描特征，还应该掌握模型的孔、凸台、凸起、腔体、垫块、螺纹、键槽、槽以及三角加强筋等设计特征的建模方法。

课 后 习 题

　　鉴于本项目知识的重要性，为帮助用户更好地掌握所学知识，通过课后习题对本项目内容进行简单的知识回顾。

素材位置	光盘 \ 素材 \ 项目 4\ 课后习题 .prt
效果位置	光盘 \ 效果 \ 项目 4\ 课后习题 .prt
学习目标	通过"孔"按钮，掌握三维实体模型的创建方法。

　　本习题需要创建模型的孔特征，素材如图 4-99 所示，最终效果如图 4-100 所示。

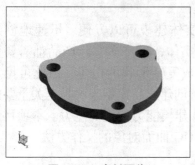

图 4-99　素材图像

图 4-100　创建圆弧的效果图

项目 5 创建 UG 自由曲面对象

项目导读

通过 UG 实体建模可以方便、迅速地创建较为规则的三维实体，但许多实际产品都需要采用曲面造型来完成复杂形状的构建，由此可见掌握 UG 曲面造型对创建产品模型来说是至关重要的，也是体现 CAD 建模能力的重要能力。本项目主要学习介绍创建 UG 曲面对象的操作方法。

任务 1　在草图中创建点曲面

在 UG NX 10.0 中，用户可以通过点和极点等方法，创建曲面对象。本任务创建如图 5-1 所示的模型。

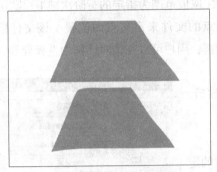
通过点绘制曲面

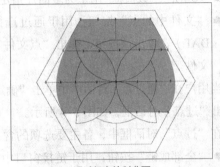
通过极点绘制曲面

图 5-1　在草图中创建点曲面

子任务 1　通过点创建草图曲面

任务描述

使用"通过点"命令构造曲面可以定义片体通过的点的矩形阵列。

单击"菜单" | "插入" | "曲面" | "通过点"命令，如图 5-2 所示，弹出"通过点"对话框，如图 5-3 所示，该对话框用于通过所有选定点创建曲面。

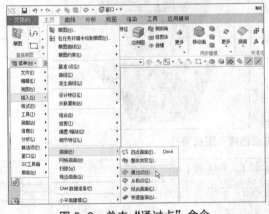

图 5-2　单击"通过点"命令

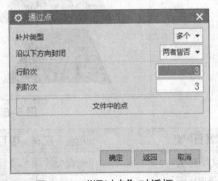

图 5-3　"通过点"对话框

在"通过点"对话框中，各主要选项的含义如下。

● "补片类型"列表框：在该列表框中包括"单个"和"多个"选项，用于指定生成的体是单面片还是多面片。

● "沿以下方向封闭"列表框：用于设置曲面是否闭合。在该列表框中，包含 4 个选项，其中"两者皆否"选项是指定义点或极点的列方向与行方向都不闭合；"行"选项是指点或极点的第一行变为最后一行；"列"选项是指点或极点的第一列变为最后一列；"两者皆是"选项是指点或极点的列方向与行方向都是闭合的。选择后 3 个选项，则生成的对象会是实体。

- "行阶次"数值框：用于为多面片指定行阶次（取值范围为 1 ~ 24），默认值为 3。
- "列阶次"数值框：用于为多面片指定列阶次（取值范围为指定的行阶次减 1），默认为 3。
- "文件中的点"按钮：用于通过选择包含点的文件来定义点的位置（该文件格式为 DAT），单击该按钮，弹出"点文件"对话框，用户可以在该对话框中选择要导入的点文件。

当用户在"通过点"对话框中单击"确定"按钮后，将弹出"过点"对话框，如图 5-4 所示。

在"过点"对话框中，各主要选项的含义如下。

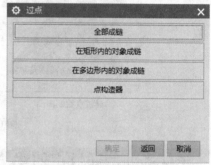

- "全部成链"按钮：用于链接窗口中已存在的定义点，定义的点为对象的起点与终点，并获取两点之间的链接点。
- "在矩形内的对象成链"按钮：用于拖出矩形框来选取点，并链接矩形框内的所有点。

图 5-4　"过点"对话框

- "在多边形内的对象成链"按钮：与"在矩形内的对象成链"相似，用于定义多边形方框来选取点，并链接多边形框内的所有点。
- "点构造器"按钮：用于使用"点构造器"对话框来定义点。

本任务创建如图 5-5 所示的曲面。

图 5-5　通过点创建草图曲面

素材位置	光盘 \ 素材 \ 项目 5\ 任务 1- 子任务 1.prt
效果位置	光盘 \ 效果 \ 项目 5\ 任务 1- 子任务 1.prt
视频位置	光盘 \ 视频 \ 项目 5\ 任务 1\ 子任务 1 通过点创建草图曲面 .mp4

操 作 步 骤

STEP 01 按【Ctrl + O】组合键，打开素材模型文件，如图 5-6 所示。

STEP 02 单击"菜单"｜"插入"｜"曲面"｜"通过点"命令，如图 5-7 所示。

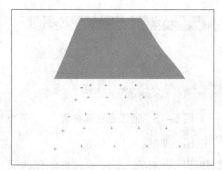

图 5-6　素材模型

图 5-7　单击"通过点"命令

STEP 03 弹出"通过点"对话框，保持默认设置，单击"确定"按钮，如图 5-8 所示。

STEP 04 弹出"过点"对话框，单击"在矩形内的对象成链"按钮，如图 5-9 所示。

图 5-8　单击"确定"按钮

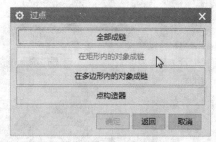

图 5-9　单击相应的按钮

STEP 05 弹出"指定点"对话框，在第一列点的左下方合适位置处单击，在第一列点的右上方单击，选择矩形框中所有的点，如图 5-10 所示。

STEP 06 依次单击第一列最左侧的点和最右侧的点，使其成链，如图 5-11 所示。

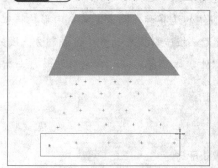

图 5-10　框选点对象

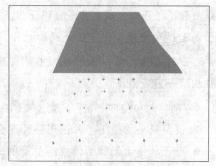

图 5-11　单击相应的点

STEP 07 用与上述相同的方法，从下往上依次将后面的 3 列点成链，如图 5-12 所示，并弹出"过点"对话框，单击"确定"按钮。

STEP 08 将第 5 列点连成链，在弹出的"过点"对话框中单击"所有指定的点"按钮，如图 5-13 所示。

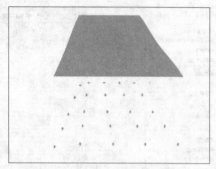

图 5-12　单击"确定"按钮

图 5-13　通过点创建曲面

STEP 09 返回到"通过点"对话框，单击"确定"按钮，如图 5-14 所示。

STEP 10 弹出"过点"对话栏，单击"取消"按钮，并删除点对象，即可通过点创建曲面，如图 5-15 所示。

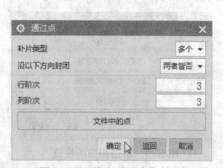

图 5-14　单击"确定"按钮

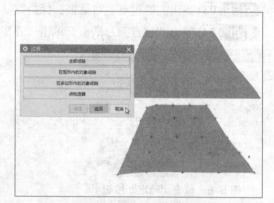

图 5-15　通过点创建曲面

操作技巧 👉

在 UG NX 10.0 中，自由形状用于构建用标准建模方法所无法创建的复杂形状，既可以生成曲面，也可以生成实体；可以通过点、线、面或实体的边界和表面来定义自由形状特征。

曲面造型功能提供了强大的弹性化设计方式，成为三维造型技术的重要组成部分。因此，对于复杂的零件，可以采用自由形状特征直接生成零件实体，也可以将自由形状特征与实体特征相结合完成。

在曲面特征设计过程中，应当遵循以下 5 大原则。

● 模型应尽量简单，且使用尽可能少的特征。

● 用于构造曲面的曲线应尽量简单，曲线阶次数小于等于 3。

● 构造曲面的曲线要保证光顺连续，避免造成加工困难的问题。

● 为了使后面的加工简单方便，曲面的曲率半径应尽可能大。

● 面之间的圆角过渡要尽可能在实体上进行操作。

在 UG NX 10.0 中，"曲面"命令主要是在"建模"模块和"外观造型设计"模型中使用。简单的曲面可以通过一次完成建模，较复杂的曲面可以通过点或曲线构建片体，然后通过曲面的编辑得到整体的造型。

创建曲面，可以通过单击"菜单"｜"插入"｜"曲面"命令、"菜单"｜"插入"｜"网格曲面"命令、"菜单"｜"插入"｜"弯边曲面"等菜单命令中的子命令。

子任务 2　通过极点创建草图曲面

任 务 描 述

在 UG NX 10.0 中，通过"从极点"构造曲面，可以指定点为定义片体外形控制网的极点，使用"从极点"构造曲面可以更好地控制片体全局外形，也可以更好地避免片体中不必要的波动。本任务创建如图 5-16 所示的草图。

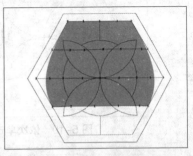

图 5-16　通过极点创建草图曲面

素材位置	光盘 \ 素材 \ 项目 5\ 任务 1- 子任务 2.prt
效果位置	光盘 \ 效果 \ 项目 5\ 任务 1- 子任务 2.prt
视频位置	光盘 \ 视频 \ 项目 5\ 任务 1\ 子任务 2 通过极点创建草图曲面 .mp4

操 作 步 骤

STEP 01　按【Ctrl ＋ O】组合键，打开素材模型文件，如图 5-17 所示。

STEP 02　单击"菜单"｜"插入"｜"曲面"｜"从极点"命令，如图 5-18 所示。

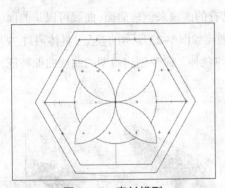

图 5-17　素材模型

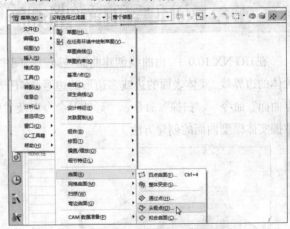

图 5-18　单击"从极点"命令

STEP 03　弹出"从极点"对话框，单击"确定"按钮，弹出"点"对话框，在绘图区最上方列的端点上依次单击，如图 5-19 所示。

STEP 04　单击"确定"按钮，弹出"指定点"对话框，如图 5-20 所示。

STEP 05　即可将第 1 列点成链，用与上述相同的方法，单击"确定"按钮，弹出"点"对话框，从上而下在其他列的端点上依次单击，将后面的 3 列点成链，如图 5-21 所示。

STEP 06 在"指定点"对话框中单击"确定"按钮，弹出"从极点"对话框，单击"所有指定的点"按钮，如图 5-22 所示，关闭"从极点"对话框，即可通过极点创建曲面。

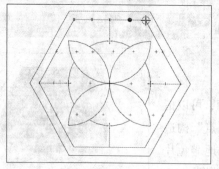

图 5-19　依次单击

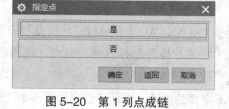

图 5-20　第 1 列点成链

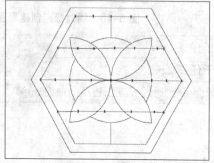

图 5-21　3 列点成链

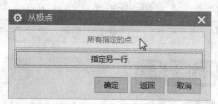

图 5-22　通过极点创建曲面

任务 2　创建三维模型的曲线曲面

在 UG NX 10.0 中，由曲线创建曲面是通过空间中已有的曲线来创建曲面，曲线可以是曲面、片体的边界线、实体表面的边或多边形的边等。本任务创建如图 5-23 所示的模型，具体通过"四点曲面"命令、"扫掠"命令、"延伸"命令以及"规律延伸"命令创建模型的曲线曲面特征，掌握实体模型曲面的创建方法。

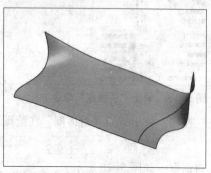

创建延伸曲面对象

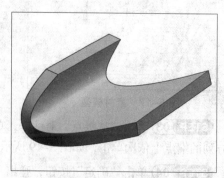

创建规律延伸曲面对象

图 5-23　绘制三维模型的曲线曲面

子任务 1　创建四点曲面草图对象

任 务 描 述

在 UG NX 10.0 中，用"四点曲面"命令，可以通过指定四个拐角来创建曲面。本任务创建如图 5-24 所示的草图。

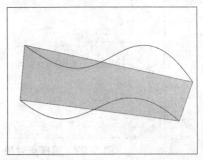

图 5-24　创建四点曲面草图对象

素材位置	光盘 \ 素材 \ 项目 5\ 任务 2- 子任务 1.prt
效果位置	光盘 \ 效果 \ 项目 5\ 任务 2- 子任务 1.prt
视频位置	光盘 \ 视频 \ 项目 5\ 任务 1\ 子任务 1 创建四点曲面草图对象 .mp4

操 作 步 骤

STEP 01 按【Ctrl ＋ O】组合键，打开素材模型文件，如图 5-25 所示。

STEP 02 在边框条中，单击"菜单"标签，在弹出的菜单列表中单击"插入"|"曲面"|"四点曲面"命令，如图 5-26 所示。

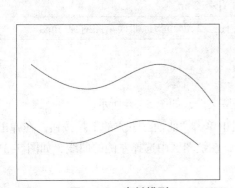

图 5-25　素材模型

图 5-26　单击"四点曲面"命令

操作技巧 👉

除了上述方法可以创建四点曲面外，用户还可以按【Ctrl ＋ 4】组合键。

STEP 03 弹出"四点曲面"对话框，在绘图区中的曲线的端点上，依次单击，选择点对象，如图 5-27 所示。

STEP 04 执行操作后，单击"确定"按钮，如图 5-28 所示，即可在绘图区中创建四点曲面草图对象。

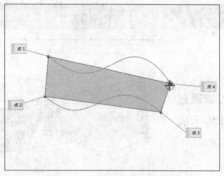

图 5-27　选择点对象

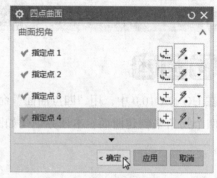

图 5-28　单击"确定"按钮

子任务 2　创建扫掠曲面草图对象

任 务 描 述

在 UG NX 10.0 中，使用扫掠曲线构造曲面时，系统会根据一条空间路径移动曲线轮廓线，以生成扫掠实体或片体。本任务创建如图 5-29 所示的草图。

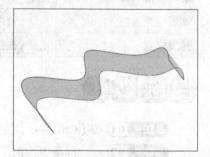

图 5-29　创建扫掠曲面草图对象

素材位置	光盘 \ 素材 \ 项目 5\ 任务 2- 子任务 2.prt
效果位置	光盘 \ 效果 \ 项目 5\ 任务 2- 子任务 2.prt
视频位置	光盘 \ 视频 \ 项目 5\ 任务 2\ 子任务 2 创建扫掠曲面草图对象 .mp4

操 作 步 骤

STEP 01　按【Ctrl ＋ O】组合键，打开素材模型文件，如图 5-30 所示。

STEP 02　在"主页"选项卡的"曲面"选项组中单击"曲面"下方的下拉按钮，在弹出的面板中单击"扫掠"按钮，弹出"扫掠"对话框，在绘图区中选择左侧的曲线，如图 5-31 所示。

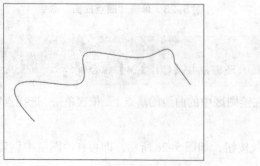

图 5-30　素材模型

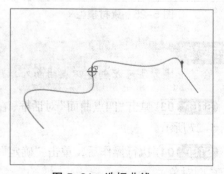

图 5-31　选择曲线

STEP 03 单击"引导线"选项区中的"引导线"按钮，在绘图区中选择合适的曲线，如图 5-32 所示。

STEP 04 在"扫掠"对话框中，单击"确定"按钮，如图 5-33 所示，执行操作后，即可创建扫掠曲面，并以带边着色显示模型。

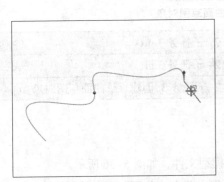

图 5-32　选择合适的曲线

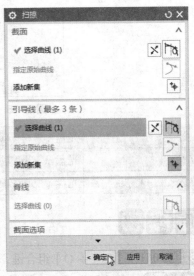

图 5-33　单击"确定"按钮

操作技巧 ☞

在 UG NX 10.0 中，单击"菜单"|"插入"|"扫掠"|"扫掠"命令，如图 5-34 所示，也可以快速创建扫掠曲面。

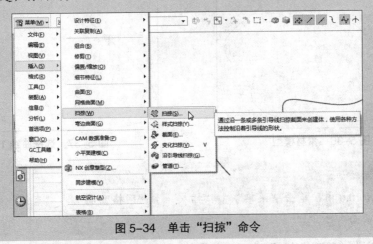

图 5-34　单击"扫掠"命令

子任务 3　创建直纹曲面草图对象

任务描述

在 UG NX 10.0 中，使用"直纹"命令，可以通过两条曲线构成直纹面特征，即截面线上的对应点以直线连接。本任务创建如图 5-35 所示的草图。

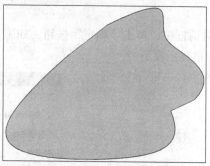

图 5-35　创建直纹曲面草图对象

素材位置	光盘 \ 素材 \ 项目 5\ 任务 2- 子任务 3.prt
效果位置	光盘 \ 效果 \ 项目 5\ 任务 2- 子任务 3.prt
视频位置	光盘 \ 视频 \ 项目 5\ 任务 2\ 子任务 3　创建直纹曲面草图对象 .mp4

操作步骤

STEP 01 按【Ctrl + O】组合键，打开素材模型文件，如图 5-36 所示。

STEP 02 在"主页"选项卡的"曲面"选项组中单击"曲面"下方的下拉按钮，在弹出的面板中单击"更多"下拉按钮，在弹出的面板中单击"直纹"按钮 ，弹出"直纹"对话框，在绘图区中选择相应的曲线，如图 5-37 所示。

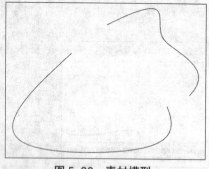

图 5-36　素材模型

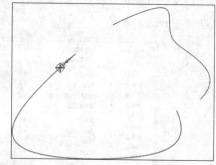

图 5-37　选择曲线 1

操作技巧 ☞

　　在 UG NX 10.0 中，单击"菜单"｜"插入"｜"网格曲面"｜"直纹"命令，也可以快速创建直纹曲面。

STEP 03 在"截面线串 2"选项区中单击，然后在绘图区中选择合适的曲线，如图 5-38 所示。

STEP 04 执行操作后，在"直纹"对话框中，单击"确定"按钮，如图 5-39 所示，即可创建直纹曲面。

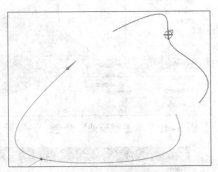

图 5-38 选择曲线 2

图 5-39 单击"确定"按钮

子任务 4 创建延伸曲面草图对象

任务描述

在 UG NX 10.0 中，使用"直纹"命令，可以通过两条曲线构成直纹面特征，即截面线上的对应点以直线连接。本任务创建如图 5-40 所示的草图。

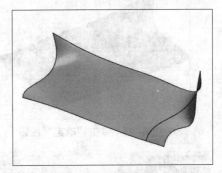

图 5-40 创建延伸曲面草图对象

素材位置	光盘 \ 素材 \ 项目 5\ 任务 2- 子任务 4.prt
效果位置	光盘 \ 效果 \ 项目 5\ 任务 2- 子任务 4.prt
视频位置	光盘 \ 视频 \ 项目 5\ 任务 2\ 子任务 4 创建延伸曲面草图对象 .mp4

操作步骤

STEP 01 按【Ctrl + O】组合键，打开素材模型文件，如图 5-41 所示。

STEP 02 单击"菜单" | "插入" | "弯边曲面" | "延伸"命令，如图 5-42 所示。

STEP 03 执行操作后，即可弹出"延伸曲面"对话框，在绘图区中选择合适的边对象，如图 5-43 所示。

STEP 04 设置"长度"为 30mm，单击"确定"按钮，如图 5-44 所示，即可延伸曲面。

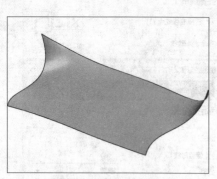

图 5-41　素材模型

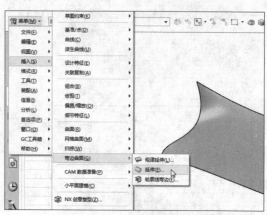

图 5-42　单击"延伸"命令

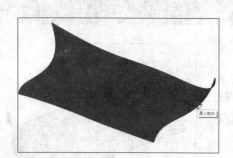

图 5-43　单击"确定"按钮

图 5-44　延伸曲面

操作技巧 👉

在"延伸曲面"对话框中，各主要选项的含义如下。

- "类型"列表框：该列表框用于设置延伸曲面的类型，包括有"边"和"拐角"两个选项。
- "选择边"选项区：用于选择需要延伸的曲面边对象。
- "方法"列表框：用于选择延伸曲面的方法，包括有"相切"和"圆形"两个方法。
- "距离"列表框：用于设置延伸曲面的参数类型，包括有"按长度"和"按百分比"两个距离类型。
- "长度"文本框：用于设置延伸曲面的长度参数。

子任务 5　创建规律延伸曲面草图对象

任务描述

在 UG NX 10.0 中，使用"规律延伸"命令，可以动态地或基于距离和角度规律，从基本片体创建一个规律控制的延伸。本任务创建如图 5-45 所示的草图。

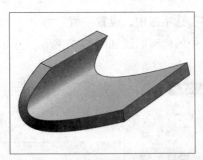

图 5-45　创建规律延伸曲面草图对象

素材位置	光盘 \ 素材 \ 项目 5\ 任务 2- 子任务 5.prt
效果位置	光盘 \ 效果 \ 项目 5\ 任务 2- 子任务 5.prt
视频位置	光盘 \ 视频 \ 项目 5\ 任务 2\ 子任务 5 创建规律延伸曲面草图对象 .mp4

操 作 步 骤

STEP 01　按【Ctrl＋O】组合键，打开素材模型文件，如图 5-46 所示。

STEP 02　单击"菜单"｜"插入"｜"弯边曲面"｜"规律延伸"命令，如图 5-47 所示。

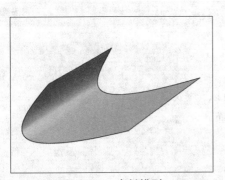

图 5-46　素材模型

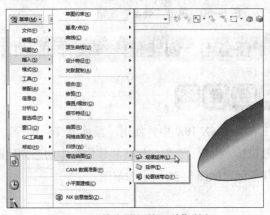

图 5-47　单击"规律延伸"按钮

STEP 03　弹出"规律延伸"对话框，在绘图区中，依次选择片体的 4 条边缘线，如图 5-48 所示。

STEP 04　单击"参考面"选项区中的"面"按钮，在绘图区中选择合适的面，如图 5-49 所示。

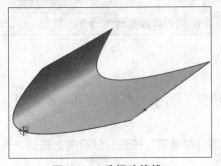

图 5-48　选择边缘线

图 5-49　选择面

STEP 05 在"长度规律"选项区中，设置"值"为 10，如图 5-50 所示。

STEP 06 此时，绘图区中的模型曲线如图 5-51 所示，单击"确定"按钮，执行操作后，即可规律延伸曲面。

图 5-50　单击"确定"按钮

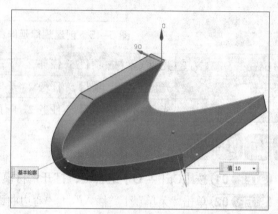

图 5-51　规律延伸曲面

子任务 6　创建整体突变曲面草图对象

任务描述

在 UG NX 10.0 中，使用"整体突变"命令，可以通过拉长、折弯、歪斜、扭转和移位操作动态创建曲面。本任务创建如图 5-52 所示的草图。

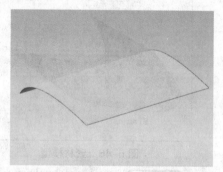

图 5-52　创建整体突变曲面草图对象

素材位置	无
效果位置	光盘 \ 效果 \ 项目 5\ 任务 2- 子任务 6.prt
视频位置	光盘 \ 视频 \ 项目 5\ 任务 2\ 子任务 6 创建整体突变曲面草图对象 .mp4

操作步骤

STEP 01 按【Ctrl + N】组合键，新建一个空白模型文件，在边框条中单击"菜单"｜"插入"｜"曲面"｜"整体突变"命令，如图 5-53 所示。

STEP 02 弹出"点"对话框，以原点为起点，单击"确定"按钮，然后向上拖动，至合适位置单击，如图 5-54 所示。

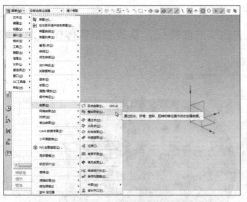

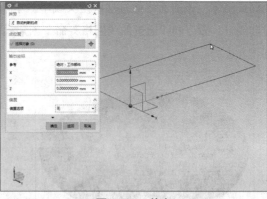

图 5-53　单击"整体突变"命令　　　　　　　　图 5-54　单击

STEP 03　弹出"整体突变形状控制"对话框，在相应的选项区中，拖动相应的滑块，设置参数，单击"确定"按钮，如图 5-55 所示。

STEP 04　执行操作后，弹出"点"对话框，单击"取消"按钮，即可创建整体突变曲面，如图 5-56 所示。

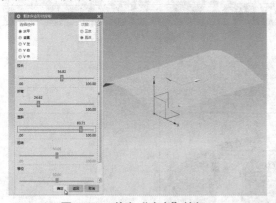

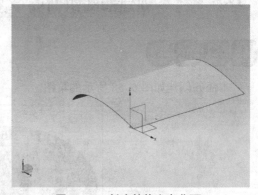

图 5-55　单击"确定"按钮　　　　　　　　　图 5-56　创建整体突变曲面

操作技巧 ☞

在"整体突变形状控制"对话框中，各主要选项的含义如下。

● "选择控件"选项区：用于选择控制曲面变形的类型。

● "次数"选项区：用于为多面片指定三次或五次阶次。

● "拉长"选项区：用于调整曲面对象的长度。

● "折弯"选项区：用于调整曲面对象的折弯参数。

● "歪斜"选项区：用于调整曲面对象的歪斜参数。

任务 3　创建曲线组与网格曲面

在 UG NX 10.0 中，使用"通过曲线组"命令可以通过同一个方向上的一组曲线线串生成一个曲面。使用"通过曲线网格"命令，可以通过两簇相互交叉的定义线串（曲线、边）创建曲面或实体，该曲面将通过这些定义线串。本任务创建如图 5-57 所示的模型，具体运用"通过曲线组"命令和"通过曲线网格"命令创建模型的曲线曲面特征，掌握三维实体模型曲面的创建方法。

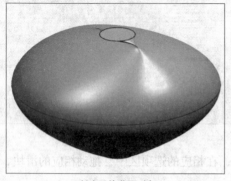
创建延伸曲面对象

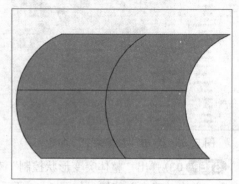
创建规律延伸曲面对象

图 5-57　创建曲线组与网格曲面

子任务 1　创建曲线组曲面草图对象

任务描述

本任务创建如图 5-58 所示的草图。

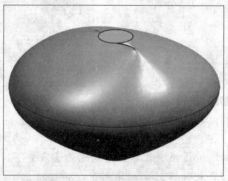

图 5-58　创建曲线组曲面草图对象

素材位置	光盘\素材\项目 5\任务 3- 子任务 1.prt
效果位置	光盘\效果\项目 5\任务 3- 子任务 1.prt
视频位置	光盘\视频\项目 5\任务 3\子任务 1 创建曲线组曲面草图对象 .mp4

操作步骤

STEP 01　按【Ctrl + O】组合键，打开素材模型文件，如图 5-59 所示。

STEP 02　在"主页"选项卡的"曲面"选项组中单击"曲面"下方的下拉按钮，在弹出的面板中单击"通过曲线组"按钮　，如图 5-60 所示。

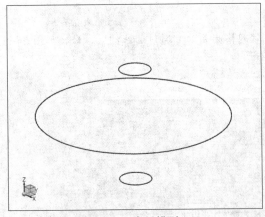

图 5-59 素材模型

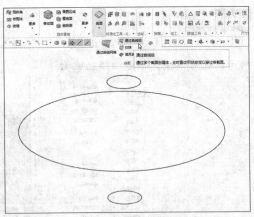

图 5-60 单击"通过曲线组"按钮

STEP 03 弹出"通过曲线组"对话框，选择绘图区中最上方的椭圆对象，单击相应的按钮，如图 5-61 所示。

STEP 04 单击"截面"选项区中的"添加新集"按钮，如图 5-62 所示。

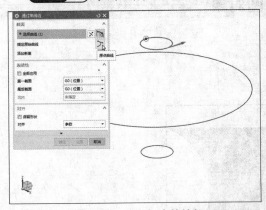

图 5-61 单击相应的按钮

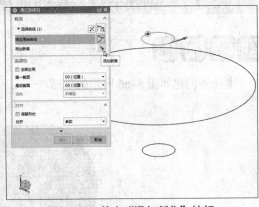

图 5-62 单击"添加新集"按钮

STEP 05 选择绘图区中中间的椭圆对象，单击相应的按钮，并单击"截面"选项区中的"添加新集"按钮，并选择绘图区中下方的椭圆对象，如图 5-63 所示。

STEP 06 执行操作后，单击"确定"按钮，即可通过曲线组创建曲面，如图 5-64 所示。

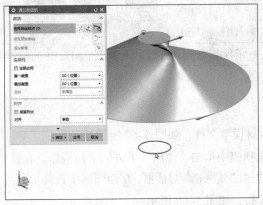

图 5-63 选择椭圆

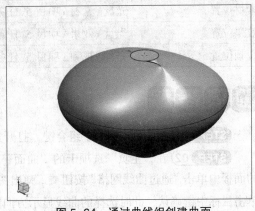

图 5-64 通过曲线组创建曲面

操作技巧 👉

在 UG NX 10.0 中，单击"菜单"|"插入"|"网格曲面"|"通过曲线组"命令，如图 5-65 所示，也可以快速创建曲线组曲面。

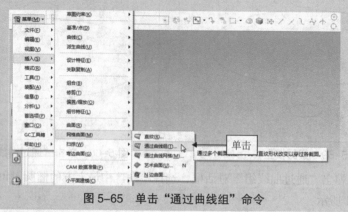

图 5-65　单击"通过曲线组"命令

子任务 2　创建曲线网络曲面草图对象

任 务 描 述

本任务创建如图 5-66 所示的草图。

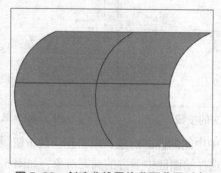

图 5-66　创建曲线网格曲面草图对象

素材位置	光盘＼素材＼项目 5＼任务 3－子任务 2.prt
效果位置	光盘＼效果＼项目 5＼任务 3－子任务 2.prt
视频位置	光盘＼视频＼项目 5＼任务 3＼子任务 2 创建曲线网络曲面草图对象 .mp4

操 作 步 骤

STEP 01　按【Ctrl ＋ O】组合键，打开素材模型文件，如图 5-67 所示。

STEP 02　在"主页"选项卡的"曲面"选项组中单击"曲面"下方的下拉按钮，在弹出的面板中单击"通过曲线网格"按钮，弹出"通过曲线网格"对话框，在绘图区中选择主曲线，单击鼠标中键确认，此时选择的曲线显示方向箭头，如图 5-68 所示。

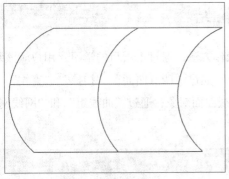

图 5-67　素材模型

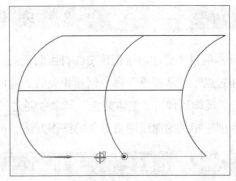

图 5-68　选择主曲线

STEP 03 用与上同样的方法，依次选择主曲线，并单击鼠标中键确认，如图 5-69 所示。

STEP 04 单击 "交叉曲线" 选项区中的 "交叉曲线" 按钮，依次选择交叉曲线，并单击鼠标中键确认，如图 5-70 所示，单击 "确定" 按钮，即可通过曲线网格创建曲面。

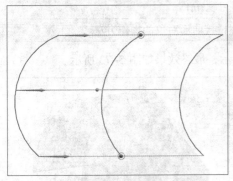

图 5-69　选择曲线

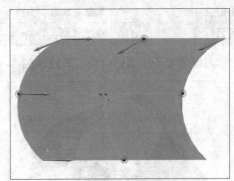

图 5-70　选择曲线

操作技巧

在 UG NX 10.0 中，单击 "菜单" | "插入" | "网格曲面" | "通过曲线网格" 命令，如图 5-71 所示，也可以快速创建曲线网格曲面。

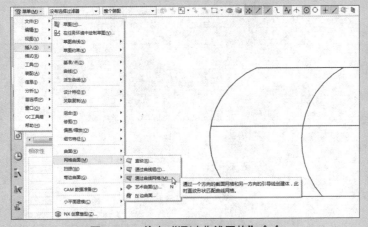

图 5-71　单击 "通过曲线网格" 命令

项 目 小 结

本项目主要学习了创建 UG 自由曲面对象的操作方法，通过本项目的学习，用户应该掌握"通过点""从极点"命令创建相关的点曲面对象；通过"四点曲面""扫掠""直纹""延伸""规律延伸""整体突变"等命令创建三维曲线曲面对象；通过"曲线组"和"网线网格"命令创建相关的曲线网格对象的操作方法。

课 后 习 题

鉴于本项目知识的重要性，为帮助用户更好地掌握所学知识，通过课后习题对本项目内容进行简单的知识回顾。

素材位置	光盘 \ 素材 \ 项目 5\ 课后习题 .prt
效果位置	光盘 \ 效果 \ 项目 5\ 课后习题 .prt
学习目标	通过"桥接"命令，掌握桥接曲面对象的操作方法。

本习题需要桥接曲面对象，素材如图 5-72 所示，最终效果如图 5-73 所示。

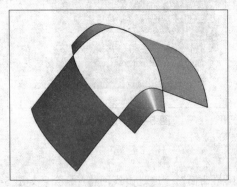

图 5-72　素材模型

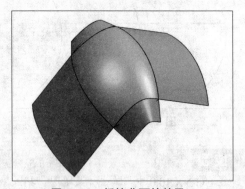

图 5-73　桥接曲面的效果

项目 **6** 创建 UG 模型装配图

项目导读

零件的装配是在组件模块中进行的，所谓装配是指将零件通过一定的约束关系、相互配合等操作，而放置在组件中。装配设计是 UG NX 10.0 主要的功能之一，支持大型、复杂组件的构建和管理。本项目主要学习创建模型装配图的操作方法。

任务 1　掌握装配图基础内容

任 务 描 述

装配是指对设计好的零部件进行组织、定位、相互配合的操作，并提供产品整体建模，为生成装配爆炸视图做准备。装配设计是在零件设计的基础上，进一步对零件进行组合或配合，以满足机器的使用要求和实现设计的功能。装配设计的重点不在于几何造型设计，而是在于确立几何体的空间位置关系。

操 作 步 骤

STEP 01 认识 UG 装配图。

装配就是在装配的过程中建立零件之间的配对关系。通过配对条件在零件之间建立约束关系进而确定部件的位置。系统可以根据装配信息自动地生成零件的明细表，明细表的内容随着装配信息的变化而自动更新。在装配模型生成后可以建立爆炸图，并且可以将爆炸图引入到装配图中，图 6-1 所示为 UG 中的装配图。

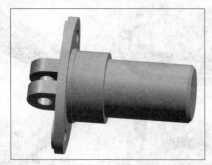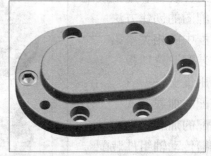

图 6-1　装配图

STEP 02 了解多组件装配和虚拟装配。

在大多数 CAD/CAM（产品设计 / 产品分析）系统中，可以采用两种不同的装配模式，即多组件装配和虚拟装配。

1. 多组件装配模式

多组件装配模式是将部件的所有组件复制到装配中，装配中的部件与所引用的部件没有关联性。这种装配属于非智能的装配，当部件修改时，不会反映到装配中。同时，由于装配时要引用所有部件，因此需要用较大的内存空间，并且会影响装配的工作速度。

2. 虚拟装配模式

虚拟装配模式是利用部件链接关系建立装配。该装配模式具有装配时要求内存空间小、速度快及修改构成的部件时装配能够自动更新等优点。在装配零件时多采用虚拟装配模式。

STEP 03 掌握装配图的创建方法。

根据装配体与零件之间的引用关系，有 3 种创建装配图的方法。

1.　自顶向下装配

自顶向下装配是指先设计完成装配体，并在装配中创建零部件模型，将其拆成子装配体和单个可以直接用于加工的零件模型的装配方法。使用这种装配方法，可在装配时设计一个组件，或者利用一个黑盒子表示。在这种装配建模技术中，在创建装配时也可以建立和编辑组件部件，在装配体上做的几何体改变了会立即自动地反映在个别组件中。

2.　自底向上装配

自底向上装配是先创建零部件模型，再组合成子装配，最后生成装配部件的装配方法。这种装配建模方法是建立组件装配关系，对数据库中已存在的系列产品零件、标准件以及外购件也可以通过此方法加入到装配件中。在这种装配建模技术中，在某些高级装配内的孤立状态中设计和编辑组件部件。当打开反映在零件级别的几何编辑时，所有利用该组件的装配件会自动地更新。

3.　混合装配

混合装配是将自顶向下装配和自底向上装配结合在一起的装配方法。首先创建几个主要部件模型，再将其装配在一起，然后在装配中设计其他的部件，即为混合装配。在实际设计中，可以根据需要在两种模式下切换。

STEP 04　了解装配中的相关术语。

在 UG NX 10.0 中，常用的术语主要有以下 10 个。

● 装配：在装配过程中创建部件之间的连接，由装配部件和子装配组成。

● 装配部件：由零件和子装配组成的部件。

● 子装配：用于在高一级装配中作为可见的装配，子装配不是实体，而是一个相对概念。任何一个低一级的装配相对于高级的装配的子装配。

● 组件对象：组件对象是一个从装配部件链接到部件主模型的指针实体，该对象记录部件的名称、层、颜色、线型、线宽、引用集或配对条件等信息。

● 组件部件：装配中组件对象的部件文件，可以是单个部件，也可以是子装配。

● 单个零件：在装配以外存在的零件模型，不能有下级组件。

● 主模型：主模型是由单个零件组成的装配组件，是供 UG 模块共同引用的部件模型。同一个主模型可以同时被工程图、装配、加工、机构分析和有限元分析等模块引用。当用户修改主模型时，相关的应用将会自动更新。

● 自顶向下装配：在装配中创建与其他部件相关的部件主模型，是在装配部件的顶级向下产生子装配和部件的装配方法。

● 自底向上装配：先设计单个零件，然后将这些零件添加到装配体中。

● 混合装配：将自顶向下装配和自底向上装配结合在一起的装配方法。

STEP 05　熟悉"装配"选项组。

在 UG NX 10.0 中，"装配"选项组包含了装配操作的所有功能，使用"装配"选项组可以快捷地应用装配方面的功能。使用该选项组中的功能按钮，可以对装配进行各种编辑操作，图 6-2 所示为"装配"选项组。

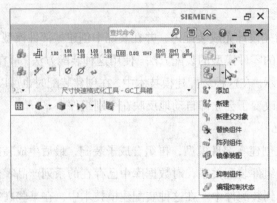

图 6-2　"装配"选项组

操作技巧　☞

在 UG 10.0 中，"装配"选项组是隐藏的。在"应用模块"选项卡的"设计"选项组中单击"装配"按钮，可以调出"装配"选项组。

STEP 06　熟悉引用集。

引用集是为了优化模型装配提出的概念，它包含组件中的几何对象，在装配时它代表相应的组件进行装配。通常包含部件名称、原点、方向、几何体、坐标系、基准轴、基准面和属性等数据。引用集一旦产生就可以单独地装配到部件中，一个部件可以有多个引用集。

单击"菜单"|"格式"|"引用集"命令，如图 6-3 所示，即可弹出"引用集"对话框，如图 6-4所示。

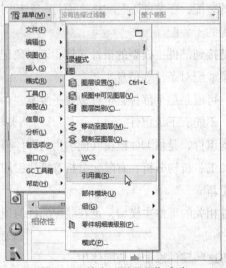

图 6-3　单击"引用集"命令

图 6-4　弹出"引用集"对话框

在"引用集"对话框中各主要选项的含义如下。

- "添加新的引用集"按钮▯：单击该按钮，可以在部件或子装配中新建引用集。当在子装配中为某个部件建立引用集时，应使该部件成为工作部件。
- "移除"按钮✕：单击该按钮，移除已经建立的引用集中的对象。

- "属性"按钮 ：单击该按钮，可以编辑引用集的属性。
- "信息"按钮 ：单击该按钮，可以查看引用集的信息。
- "自动添加组件"复选框：选中该复选框，当完成引用集名称设置后，系统会自动地将所选的对象作为所选的组件；否则用户可以自主选择组件。

任务 2　创建实体模型装配

实体模型的装配操作主要是指组件的创建、约束装配和原点装配等操作。通过装配结构创建，可使用户了解如何创建组件以及对载入或创建的组件进行编辑。

本任务创建如图 6-5 所示的实体模型装配，具体通过"添加组件""选择原点""移动组件""替换组件"等命令创建实体模型装配，掌握实体模型装配的操作方法。

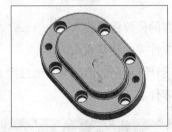
将椭圆法兰添加到装配

原点装配变速箱体模型

移动挡块装配模型

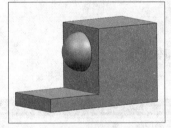
替换定位件装配模型

阵列法兰凸件装配模型

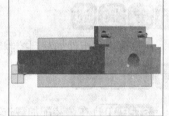
镜像夹紧件装配模型集

图 6-5　创建实体模型装配

子任务 1　了解装配的加载方式

任 务 描 述

在创建一个产品模型时，需要将产品的各个零件载入到 UG 中。

操 作 步 骤

STEP 01 单击"文件"｜"选项"｜"装配加载选项"命令，如图 6-6 所示，弹出"装配加载选项"对话框，在"装配加载选项"对话框中，可以设置组件的载入方式以及载入组件的一些常用选项。

STEP 02 在"装配加载选项"对话框的"部件版本"选项组中，单击"加载"右侧的下拉按钮，在弹出的列表框中，列出了 UG NX 10.0 中的 3 种加载组件的方式，如图 6-7 所示。

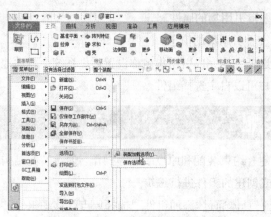

图 6-6 单击"装配加载选项"命令

图 6-7 "装配加载选项"对话框

在"加载"列表框中，各选项的含义如下。

● "按照保存的"选项：选择该选项，则系统会从零件保存的位置将其载入。

● "从文件夹"选项：选择该选项，则系统会从零件所在文件夹中将其载入。

● "从搜索文件夹"选项：载入的零件在不同文件夹和不同计算机中的情况下，通过定义搜索路径来指定目录，便于系统快速查找到需要载入的零件。

子任务 2 了解装配的加载组件

任务描述

用户可以将组件加载到控制装配体中，本任务学习装配的加载组件。

操作步骤

STEP 01 在"装配加载选项"对话框的"范围"选项组中，单击"加载"右侧的下拉按钮，在弹出的列表框中，列出了 UG NX 10.0 中的几种加载组件的常用类型，如图 6-8 所示。

STEP 02 在"范围"选项组中，各主要选项的含义如下。

● "所有组件"选项：选择该选项，可以将装配体中的组件全部载入。

● "仅限于结构"选项：选择该选项，可以将装配体中的结构组件全部载入。

图 6-8 "范围"选项区

● "按照保存的"选项：选择该选项，则系统会从零件保存的位置将其载入。

● "重新评估上一个组件组"选项：选择该选项，则可以将上一个使用的组件组载入到 UG 模型中。

● "指定组件组"选项：选择该选项，则可以将指定的组件组载入到 UG 中。

● "使用部分加载"复选框：选中该复选框，表示只载入显示的部分信息；取消选中该复选框，则表示将可见的信息全部载入。

子任务 3　创建键槽传动轴组件装配

任 务 描 述

在 UG NX 10.0 中，使用"新建组件"命令，可以通过选择几何体并将其转换为组件，在装配中新建组件。本任务创建如图 6-9 所示的实体模型组件。

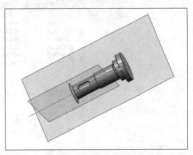

图 6-9　创建键槽传动轴组件装配

素材位置	光盘 \ 素材 \ 项目 6\ 任务 2- 子任务 3.prt
效果位置	光盘 \ 效果 \ 项目 6\ 任务 2- 子任务 3.prt
视频位置	光盘 \ 视频 \ 项目 6\ 任务 2\ 子任务 3 创建键槽传动轴组件装配 .mp4

操 作 步 骤

STEP 01 按【Ctrl ＋ O】组合键，打开素材模型文件，如图 6-10 所示。

STEP 02 在"主页"选项卡的"装配"选项组中单击"添加"右侧的下拉按钮，在弹出的列表框中单击"新建"按钮，如图 6-11 所示。

STEP 03 执行操作后，弹出"新组件文件"对话框，在"模板"列表框中，选择"装配"选项，如图 6-12 所示。

图 6-10　素材模型

图 6-11　单击"新建"按钮

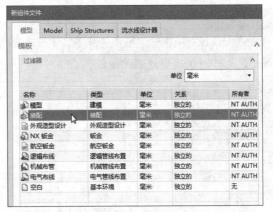

图 6-12　选择"装配"选项

STEP 04 在下方设置文件名和保存路径，如图 6-13 所示，单击"确定"按钮。

图 6-13　设置文件名和保存路径

STEP 05 执行操作后，弹出"新建组件"对话框，选择绘图区中的模型对象，如图 6-14 所示。

STEP 06 在"新建组件"对话框中，单击"确定"按钮，如图 6-15 所示，即可新建组件。

图 6-14　选择模型对象

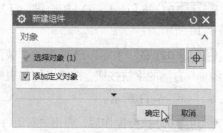

图 6-15　单击"确定"按钮

操作技巧 👉

在 UG NX 10.0 中，单击"菜单"|"装配"|"组件"|"新建组件"命令，如图 6-16 所示，也可以快速创建装配组件。

图 6-16　单击"新建组件"命令

子任务 4 将椭圆法兰盘添加到装配

任务描述

在 UG NX 10.0 中，添加组件是指通过选择已加载的部件或从磁盘选择部件，将组件添加到装配。本任务创建如图 6-17 所示的实体模型装配。

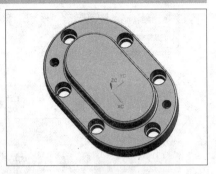

图 6-17 将椭圆法兰盘添加到装配

素材位置	光盘\素材\项目 6\任务 2-子任务 4(1).prt、任务 2-子任务 4(2).prt
效果位置	光盘\效果\项目 6\任务 2-子任务 4.prt
视频位置	光盘\视频\项目 6\任务 2\子任务 4 将椭圆法兰盘添加到装配 .mp4

操作步骤

STEP 01 按【Ctrl + O】组合键，打开素材模型文件，如图 6-18 所示。

STEP 02 在功"主页"选项卡的"装配"选项组中，单击"添加"按钮，如图 6-19 所示。

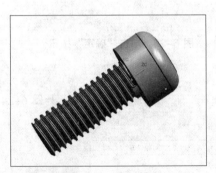

图 6-18 素材模型

图 6-19 单击"添加"按钮

STEP 03 执行操作后，即可弹出"添加组件"对话框，各选项保持默认设置，单击"打开"按钮，如图 6-20 所示。

STEP 04 弹出"部件名"对话框，选择合适的模型文件，如图 6-21 所示，单击 OK 按钮。

STEP 05 执行操作后，弹出"组件预览"对话框，如图 6-22 所示。

STEP 06 在"添加组件"对话框中，单击"确定"按钮；弹出"点"对话框，单击"确定"按钮，如图 6-23 所示，即可添加组件。

图 6-20　单击"打开"按钮

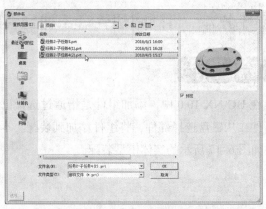

图 6-21　选择合适的模型文件

图 6-22　弹出"组件预览"对话框

图 6-23　单击"确定"按钮

操作技巧

在 UG NX 10.0 中，单击"菜单" | "装配" | "组件" | "添加组件"命令，如图 6-24 所示，也可以快速添加装配组件。

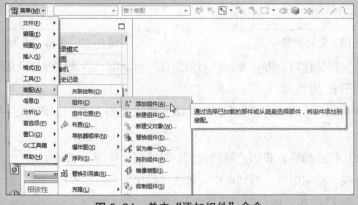

图 6-24　单击"添加组件"命令

子任务 5　原点装配变速箱体模型

任务描述

在 UG NX 10.0 中，使用"选择原点"定位方式装配模型，可以将添加的模型组件放在选定的点对象上。本任务创建如图 6-25 所示的实体装配模型。

图 6-25　原点装配变速箱体模型

素材位置	光盘 \ 素材 \ 项目 6\ 任务 2- 子任务 5(1).prt、任务 2- 子任务 5(2).prt
效果位置	光盘 \ 效果 \ 项目 6\ 任务 2- 子任务 4.prt
视频位置	光盘 \ 视频 \ 项目 6\ 任务 2\ 子任务 5 原点装配变速箱体模型 .mp4

操作步骤

STEP 01 按【Ctrl + O】组合键，打开素材模型文件，如图 6-26 所示。

STEP 02 在"主页"选项卡的"装配"选项组中，单击"添加"按钮，如图 6-27 所示。

图 6-26　素材模型

图 6-27　单击"添加"按钮

STEP 03 弹出"添加组件"对话框，在"放置"选项区中，单击"定位"右侧的下拉按钮，在弹出的列表框中选择"选择原点"选项，如图 6-28 所示。

STEP 04 单击"打开"按钮，即可弹出"部件名"对话框，选择合适的素材模型，如图 6-29 所示。

STEP 05 单击 OK 按钮，返回到"添加组件"对话框，单击"确定"按钮，如图 6-30 所示。

STEP 06 弹出"点"对话框，保持默认设置，单击"确定"按钮，即可通过选择原点添加组件，如图 6-31 所示。

图 6-28　选择"选择原点"选项

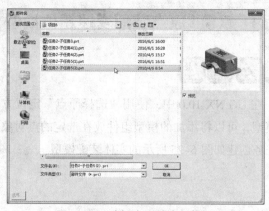

图 6-29　选择合适的素材模型

图 6-30　单击"确定"按钮 1

图 6-31　单击"确定"按钮 2

操作技巧 👉

　　UG 装配模块功能不仅能够快速地将零部件组合成产品，而且在装配中可以参考其他部件进行部件关联设计，同时可以对装配模型进行间隙分析和重量管理等操作。

子任务 6　移动挡块装配模型

任 务 描 述

　　在 UG NX 10.0 中，使用"移动组件"功能，可以在装配完成后对装配中的组件重新定义位置。本任务创建如图 6-32 所示的实体装配模型。

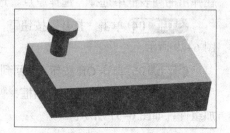

图 6-32　移动挡块装配模型

素材位置	光盘＼素材＼项目 6＼任务 2– 子任务 6.prt
效果位置	光盘＼效果＼项目 6＼任务 2– 子任务 6.prt
视频位置	光盘＼视频＼项目 6＼任务 2＼子任务 6 移动挡块装配模型 .mp4

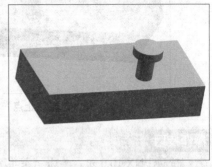

操作步骤

STEP 01 按【Ctrl ＋ O】组合键，打开素材模型文件，如图 6–33 所示。

STEP 02 在 "主页" 选项卡的 "装配" 选项组中单击 "移动组件" 按钮 ，如图 6–34 所示。

STEP 03 弹出 "移动组件" 对话框，在绘图区中间，选择合适的组件对象，如图 6–35 所示。

图 6-33 素材模型

图 6-34 单击 "移动组件" 按钮

图 6-35 选择合适的组件对象

STEP 04 在 "移动组件" 对话框中，单击 "运动" 右侧的下拉按钮，在弹出的列表框中，选择 "点到点" 选项，如图 6–36 所示。

STEP 05 在绘图区中，选择组件下方的圆心点为出发点，如图 6–37 所示。

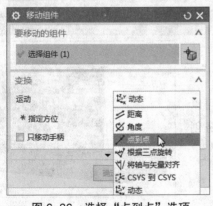

图 6-36 选择 "点到点" 选项

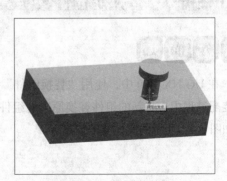

图 6-37 选择出发点

STEP 06 在绘图区中，选择下方组件的左侧的圆心点为终止点，如图 6–38 所示。

STEP 07 在 "移动组件" 对话框中，单击 "确定" 按钮，如图 6–39 所示，即可移动组件。

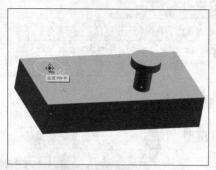

图 6-38　选择终止点

图 6-39　单击"确定"按钮

操作技巧 👉

在 UG NX 10.0 中，单击"菜单"|"装配"|"组件位置"|"移动组件"命令，如图 6-40 所示，也可以快速移动装配组件。

图 6-40　单击"移动组件"命令

子任务 7　替换定位件装配模型

任 务 描 述

在 UG NX 10.0 中，使用"替换组件"功能，可以在装配过程中，将新的组件替换原来的组件。本任务创建如图 6-41 所示的实体装配模型。

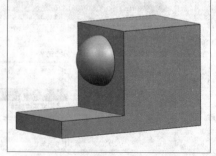

图 6-41　替换定位件装配模型

素材位置	光盘 \ 素材 \ 项目 6\ 任务 2– 子任务 7.prt
效果位置	光盘 \ 效果 \ 项目 6\ 任务 2– 子任务 7.prt
视频位置	光盘 \ 视频 \ 项目 6\ 任务 2\ 子任务 7 替换定位件装配模型 .mp4

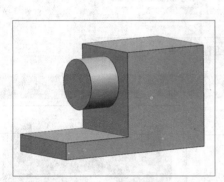

操作步骤

STEP 01 按【Ctrl + O】组合键，打开素材模型文件，如图 6-42 所示。

STEP 02 在"主页"选项卡的"装配"选项组中单击"添加"右侧的下拉按钮，在弹出的列表框中单击"替换组件"按钮 ，如图 6-43 所示。

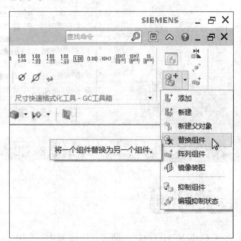

图 6-42　素材模型　　　　　　图 6-43　单击"替换组件"按钮

STEP 03 执行操作后，即可弹出"替换组件"对话框，在绘图区中选择模型中的圆柱体对象，如图 6-44 所示。

STEP 04 在"已加载的部件"列表框中，选择合适的组件对象，如图 6-45 所示，单击"确定"按钮，即可替换组件。

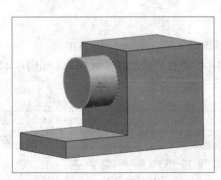

图 6-44　选择圆柱体　　　　　　图 6-45　组件对象

操作技巧 👉

在 UG NX 10.0 中，单击"菜单"|"装配"|"组件"|"替换组件"命令，如图 6-46 所示，也可以快速替换装配组件。

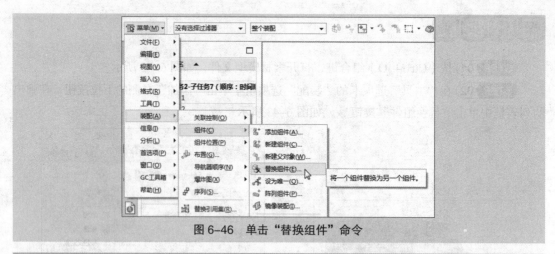

图 6-46 单击"替换组件"命令

子任务 8 阵列法兰凸件装配模型

任务描述

在 UG NX 10.0 中，阵列组件是指通过对载入到装配图中的组件进行操作，生成一个组件阵列。本任务创建如图 6-47 所示的实体装配模型。

图 6-47 阵列法兰凸件装配模型

素材位置	光盘 \ 素材 \ 项目 6\ 任务 2- 子任务 8.prt
效果位置	光盘 \ 效果 \ 项目 6\ 任务 2- 子任务 8.prt
视频位置	光盘 \ 视频 \ 项目 6\ 任务 2\ 子任务 8 阵列法兰凸件装配模型 .mp4

操作步骤

STEP 01 按【Ctrl + O】组合键，打开素材模型文件，如图 6-48 所示。

STEP 02 在"主页"选项卡的"装配"选项组中，单击"阵列组件"按钮，如图 6-49 所示。

图 6-48 素材模型

图 6-49 单击"阵列组件"按钮

STEP 03 弹出"阵列组件"对话框，在绘图区中选择需要阵列的组件，如图 6-50 所示。

STEP 04 在"阵列定义"选项区中，单击"布局"右侧的下拉按钮，在弹出的列表框中选择"圆形"选项，单击"指定矢量"按钮，如图 6-51 所示。

STEP 05 在绘图区中，指定 ZC 轴为旋转轴，如图 6-52 所示。

图 6-50　选择组件

STEP 06 在绘图区中的圆心点上，单击，指定圆心，如图 6-53 所示。

图 6-51　单击"指定矢量"按钮

图 6-52　指定 ZC 轴为旋转轴

图 6-53　指定圆心

STEP 07 在"阵列组件"对话框中，设置"数量"为 3、"节距角"为 120deg，如图 6-54 所示。

STEP 08 单击"确定"按钮，执行操作后，即可阵列组件，如图 6-55 所示。

图 6-54　设置各参数值

图 6-55　阵列组件的效果

操作技巧 ☞

在 UG NX 10.0 中，单击"菜单"|"装配"|"组件"|"阵列组件"命令，如图 6-56 所示，也可以快速阵列装配组件。

图 6-56　单击"阵列组件"命令

子任务 9　镜像夹紧件装配模型

任 务 描 述

在 UG NX 10.0 中，使用"镜像装配"功能，可以将载入的装配通过某一个指定的面创建镜像对象。本任务创建如图 6-57 所示的实体装配模型。

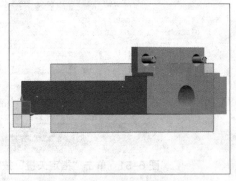

图 6-57　镜像夹紧件装配模型

素材位置	光盘 \ 素材 \ 项目 6\ 任务 2– 子任务 9.prt
效果位置	光盘 \ 效果 \ 项目 6\ 任务 2– 子任务 9.prt
视频位置	光盘 \ 视频 \ 项目 6\ 任务 2\ 子任务 9 镜像夹紧件装配模型 .mp4

操 作 步 骤

STEP 01 按【Ctrl + O】组合键，打开素材模型文件，如图 6-58 所示。

STEP 02 在"主页"选项卡的"装配"选项组中单击"添加"右侧的下拉按钮，在弹出的列表框中单击"镜像装配"按钮，如图 6-59 所示。

STEP 03 执行操作后，弹出"镜像装配向导"对话框，其中显示了相应的欢迎信息，单击"下一步"按钮，如图 6-60 所示。

STEP 04 再次弹出"镜像装配向导"对话框，提示用户需要选择镜像的组件，此时在绘图区中选择螺钉对象，如图 6-61 所示。

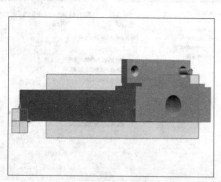

图 6-58　素材模型

图 6-59　单击"镜像装配"按钮

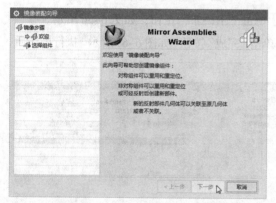

图 6-60　单击"下一步"按钮

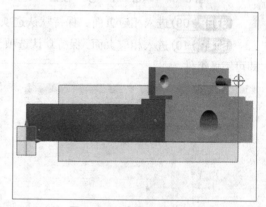

图 6-61　选择螺钉对象

STEP 05）返回"镜像装配向导"对话框中，其中显示了已选择的组件信息，单击"下一步"按钮，如图 6-62 所示。

STEP 06）进入相应页面，提示用户需要选择一个平面作为镜像平面，此时在绘图区中选择合适的基准平面对象，如图 6-63 所示。

图 6-62　单击"下一步"按钮

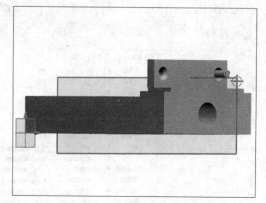

图 6-63　选择基准平面对象

STEP 07）返回"镜像装配向导"对话框，完成镜像平面对象的选择后，单击"下一步"按钮，如图 6-64 所示。

STEP 08 进入相应页面，保持默认选项，单击"下一步"按钮，如图 6-65 所示。

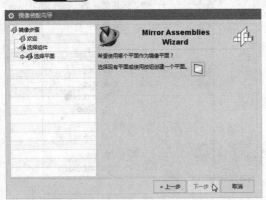 

图 6-64 单击"下一步"按钮　　　　　图 6-65 单击"下一步"按钮

STEP 09 进入相应页面，保持默认选项，单击"下一步"按钮，如图 6-66 所示。

STEP 10 进入相应页面，保持默认选项，单击"完成"按钮，如图 6-67 所示，执行操作后，即可镜像组件。

 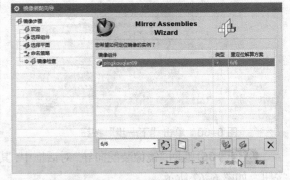

图 6-66 单击"下一步"按钮　　　　　图 6-67 单击"完成"按钮

操作技巧 👉

在 UG NX 10.0 中，单击"菜单"|"装配"|"组件"|"镜像装配"命令，如图 6-68 所示，也可以快速镜像装配组件。

图 6-68 单击"镜像装配"命令

任务 3　创建爆炸图装配模型

爆炸图是指产品的立体装配示意图，或者是产品的拆分图，是 CAD、CAE、CAM 软件中的一项重要功能。在 UG 中，爆炸图功能只是装配模块中的一项子功能。

本任务创建如图 6-69 所示的实体爆炸图装配模型，具体通过"新建爆炸图"命令、"自动爆炸组件"命令以及"编辑爆炸图"等命令创建爆炸图装配模型，掌握创建爆炸图装配的操作方法。

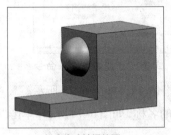
创建传动轴爆炸图

创建轴承传动自动爆炸图

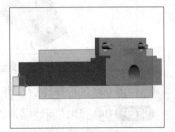
编辑固定块爆炸图

图 6-69　创建爆炸图装配模型

子任务 1　创建传动轴爆炸图

任务描述

在创建爆炸视图时，用户可以自定义爆炸视图的名称，也可以以系统默认的名称为爆炸视图命名。本任务创建如图 6-70 所示的实体装配模型。

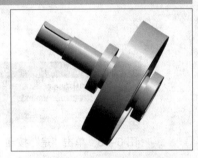

图 6-70　创建传动轴爆炸图

素材位置	光盘\素材\项目 6\任务 3- 子任务 1.prt
效果位置	光盘\效果\项目 6\任务 3- 子任务 1.prt
视频位置	光盘\视频\项目 6\任务 3\子任务 1 创建传动轴爆炸图 .mp4

操作步骤

STEP 01 按【Ctrl + O】组合键，打开素材模型文件，如图 6-71 所示。

STEP 02 单击"菜单"|"装配"|"爆炸图"|"新建爆炸图"命令，如图 6-72 所示。

> **操作技巧** ☞
>
> 在 UG NX 10.0 中，单击"菜单"命令后，在弹出的菜单列表中依次按键盘上的【A】、【X】、【N】键，也可以快速执行"新建爆炸图"命令。

图 6-71　素材模型

图 6-72　单击"新建爆炸图"命令

STEP 03 执行操作后，即可弹出信息提示框，单击"是"按钮，如图 6-73 所示。

STEP 04 弹出"新建爆炸图"对话框，在其中设置爆炸图的名称，如图 6-74 所示，单击"确定"按钮，即可新建爆炸图。

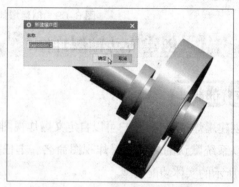

图 6-73　单击"是"按钮

图 6-74　设置爆炸图的名称

操作技巧 👉

在 UG NX 10.0 中，创建爆炸视图实际上只是将当前视图创建为一个爆炸视图，装配中各个组件的位置并没有什么变化。

子任务 2　创建轴承传动自动爆炸图

任 务 描 述

在 UG NX 10.0 中，自动爆炸组件用于对创建的爆炸视图中的组件指定间隔使用户了解该装配中所包含的子装配。本任务创建如图 6-75 所示的实体装配模型。

图 6-75　创建轴承传动自动爆炸图

素材位置	无
效果位置	光盘 \ 效果 \ 项目 6\ 任务 3- 子任务 2.prt
视频位置	光盘 \ 视频 \ 项目 6\ 任务 3\ 子任务 2 创建轴承传动自动爆炸图 .mp4

操 作 步 骤

STEP 01 以上一例效果为例，单击"菜单"｜"装配"｜"爆炸图"｜"自动爆炸组件"命令，如图 6-76 所示。

STEP 02 弹出"类选择"对话框，在绘图区中，选择所有对象，如图 6-77 所示。

图 6-76　单击"自动爆炸组件"命令

图 6-77　选择所有对象

操作技巧

在 UG NX 10.0 中，单击"菜单"命令后，在弹出的菜单列表中依次按键盘上的【A】、【X】、【A】命令，也可以快速执行"自动爆炸组件"命令。

STEP 03 在"类选择"对话框中，单击"确定"按钮，如图 6-78 所示。

STEP 04 弹出"自动爆炸组件"对话框，设置"距离"为 30，单击"确定"按钮，如图 6-79 所示，即可创建自动爆炸图。

图 6-78　单击"确定"按钮

图 6-79　设置相关参数

子任务 3　编辑固定块爆炸图

任 务 描 述

在 UG NX 10.0 中，采用自动爆炸后，效果往往不尽如人意，因此需要对爆炸图进行调整和编辑。本任务创建如图 6-80 所示的实体装配模型。

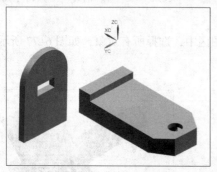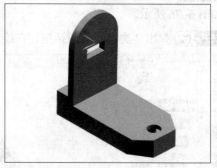

图 6-80　编辑固定块爆炸图

素材位置	光盘 \ 素材 \ 项目 6\ 任务 3- 子任务 3.prt
效果位置	光盘 \ 效果 \ 项目 6\ 任务 3- 子任务 3.prt
视频位置	光盘 \ 视频 \ 项目 6\ 任务 3\ 子任务 3 编辑固定块爆炸图 .mp4

操 作 步 骤

STEP 01 按【Ctrl + O】组合键，打开素材模型文件，如图 6-81 所示。

STEP 02 单击"菜单"｜"装配"｜"爆炸图"｜"编辑爆炸图"命令，如图 6-82 所示。

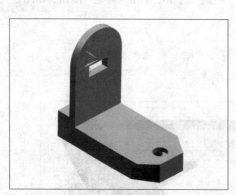

图 6-81　素材模型　　　　　图 6-82　单击"编辑爆炸图"命令

STEP 03 弹出"编辑爆炸图"对话框，在绘图区中，选择左侧的模型对象，如图 6-83 所示。

STEP 04 在"编辑爆炸图"对话框中，选中"移动对象"单选按钮，如图 6-84 所示。

STEP 05 在绘图区中移动坐标系，向左移动对象至合适位置后，释放鼠标，如图 6-85 所示。

STEP 06 在"编辑爆炸图"对话框中，单击"确定"按钮，如图 6-86 所示，即可编辑爆炸图。

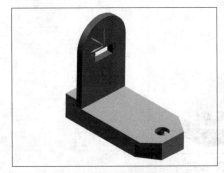

图 6-83 选择左侧的模型对象

图 6-84 选中"移动对象"单选按钮

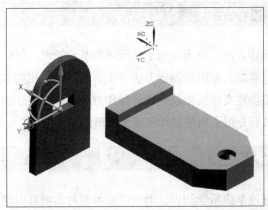

图 6-85 移动坐标系

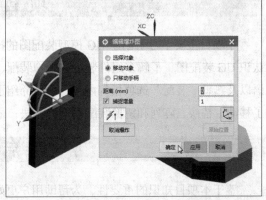

图 6-86 单击"确定"按钮

STEP 07 单击"菜单"｜"装配"｜"爆炸图"｜"取消爆炸组件"命令，如图 6-87 所示。

STEP 08 弹出"类选择"对话框，在绘图区中，选择所有的模型对象，如图 6-88 所示。

图 6-87 单击"取消爆炸组件"命令

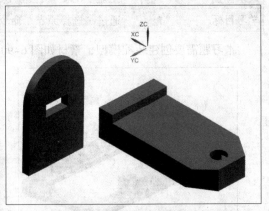

图 6-88 选择所有的模型对象

操作技巧 👉

　　在 UG NX 10.0 中，单击"菜单"命令后，在弹出的菜单列表中依次按键盘上的【A】、【X】、【U】键，也可以快速执行"取消爆炸组件"命令。

STEP 09 在"类选择"对话框中，单击"确定"按钮，如图 6-89 所示，即可复位组件对象。

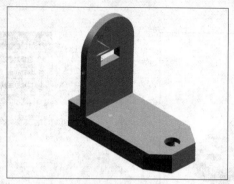

图 6-89　单击"确定"按钮

项 目 小 结

本项目主要学习了创建 UG 模型装配图的操作方法，首先介绍了装配图的基础知识，包括认识 UG 装配图、了解多组件装配和虚拟装配、掌握装配图的创建方法、了解装配中的相关术语以及熟悉"装配"选项板等内容；然后介绍了创建实体模型装配图的操作方法，并详细介绍了移动、替换、阵列和镜像装配模型的方法；最后介绍了创建爆炸图装配模型的操作方法。

课 后 习 题

鉴于本项目知识的重要性，为帮助用户更好地掌握所学知识，通过课后习题对本项目内容进行简单的知识回顾。

素材位置	光盘 \ 素材 \ 项目 6\ 课后习题 1.prt、课后习题 2.prt
效果位置	光盘 \ 效果 \ 项目 6\ 课后习题 .prt
学习目标	通过"选择原点"命令，掌握创建装配模型的操作方法。

本习题需要创建装配模型，素材如图 6-90 所示，最终效果如图 6-91 所示。

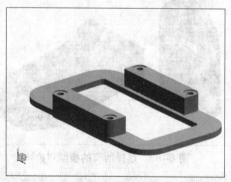

图 6-90　素材模型

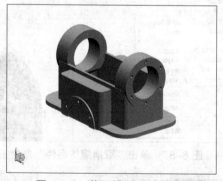

图 6-91　装配模型后的效果

创建 UG 工程图纸

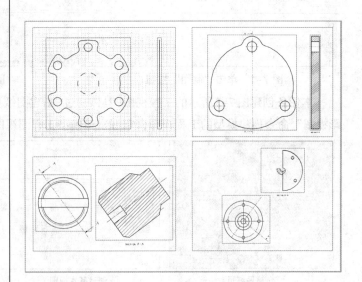

项目导读

工程图即日常所说的"图纸",是生产实践中用于指导生产的重要技术文件之一。二维图样,它包含图样、尺寸、技术要求和工艺要求等内容,本项目主要学习创建工程图的基本命令和视图的编辑操作。

任务 1   创建普通模型工程视图

在 UG NX 10.0 中，可以将 UG 建模模块中创建的零件或装配模型引用到 UG 制图模块中，以快速生成二维工程图。

在创建工程图纸之前，需进入制图环境。在功能区的"应用模块"选项卡的"设计"选项组中单击"制图"按钮，如图 7-1 所示，执行操作后，将弹出"图纸页"对话框，单击"取消"按钮，即可进入制图环境，如图 7-2 所示。

图 7-1   单击"制图"按钮   图 7-2   进入制图环境

本任务创建图 7-3 所示的工程视图，具体通过"新建图纸页"命令、"基本视图"命令以及"投影视图"命令创建模型的工程视图，掌握实体模型工程图视图的创建方法。

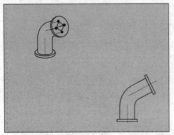

创建图纸页

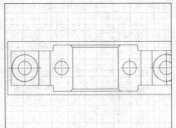

创建基本视图

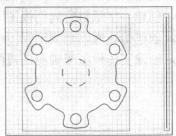

创建投影视图

图 7-3   创建普通模型工程视图

子任务 1   创建管接头图纸页

任 务 描 述

在 UG NX 10.0 中，"新建图纸页"功能用于在当前模型文件中新建一张或多张图纸。本任务创建如图 7-4 所示的模型图纸页。

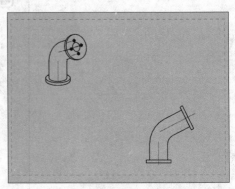

图 7-4   创建管接头图纸页

素材位置	光盘 \ 素材 \ 项目 7\ 任务 1- 子任务 1.prt
效果位置	光盘 \ 效果 \ 项目 7\ 任务 1- 子任务 1.prt
视频位置	光盘 \ 视频 \ 项目 7\ 任务 1\ 子任务 1 创建管接头图纸页 .mp4

操 作 步 骤

STEP 01 按【Ctrl ＋ O】组合键，打开素材模型文件，如图 7-5 所示。

STEP 02 在 "主页" 选项卡中，单击 "新建图纸页" 按钮，如图 7-6 所示。

图 7-5　素材模型　　　　图 7-6　单击 "新建图纸页" 按钮

STEP 03 弹出 "图纸页" 对话框，各选项为默认设置，单击 "确定" 按钮，如图 7-7 所示。

STEP 04 执行操作后，弹出 "视图创建向导" 对话框，各选项为默认设置，单击 "下一步" 按钮，如图 7-8 所示。

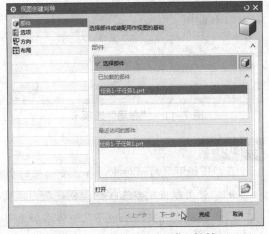

图 7-7　"图纸页" 对话框　　　　图 7-8　"视图创建向导" 对话框

操作技巧 ☞

在单击 "制图" 命令前必须确保在 "制图" 首选项的 "常规" 选项卡中选中 "自动启动插入图纸页" 命令，否则在进入 "制图" 应用模块时不会显示 "图纸页" 对话框。

STEP 05 进入 "选项" 选项卡，接受默认的选项，单击 "下一步" 按钮，如图 7-9 所示。

STEP 06 进入 "方向" 选项卡，接受默认的选项，然后单击 "下一步" 按钮，如图 7-10 所示。

图 7-9　"选项"选项卡

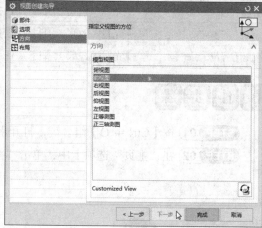

图 7-10　"方向"选项卡

STEP 07 进入"布局"选项卡，选择相应的布局，单击"完成"按钮，如图 7-11 所示。

STEP 08 执行操作后，即可新建图纸页，如图 7-12 所示。

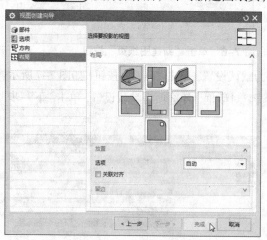

图 7-11　"布局"选项卡

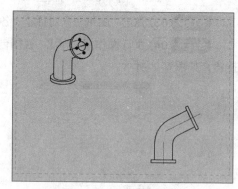

图 7-12　新建图纸页

操作技巧 ☞

在"图纸页"对话框中，各主要选项的含义如下。

- "使用模板"单选按钮：创建新图纸页时可用。创建图纸页后，准备好一系列标准图纸模板，并将图纸边界几何体添加至部件。
- "标准尺寸"单选按钮：准备好尺寸框。
- "定制尺寸"单选按钮：用于指定图纸页的高度和长度。
- "比例"下拉列表框：仅对"标准尺寸"和"定制尺寸"选项可用。用于从列表选择默认视图比例，或为所有添加到图纸的视图设置特定默认比例。
- "预览"选项区：仅当选中"使用模板"单选按钮时出现。显示选定图纸页模板的预览。
- "单位"选项区：指定图纸页的单位。如果您将度量单位从英寸改为毫米或从毫米改为英寸，则"大小"选项也将作出相应更改，以匹配选定的度量单位。

● "投影"选项区：指定第一角投影或第三角投影。所有的投影视图和剖视图均将根据设置的投影角显示。

另外，在 UG NX 10.0 中，还可以通过以下两种方法新建图纸页。

● 单击"菜单"｜"插入"｜"图纸页"命令，如图 7-13 所示。

● 在"布局"选项卡中，单击"新建图纸页"按钮，如图 7-14 所示。

图 7-13 单击"图纸页"命令

图 7-14 单击"新建图纸页"按钮

子任务 2 创建轴承座底座基本视图

任 务 描 述

在 UG NX 10.0 中，基本视图只有在工程图视图模式下才能创建，用户创建的基本视图是一个二维视图。本任务创建如图 7-15 所示的模型基本视图。

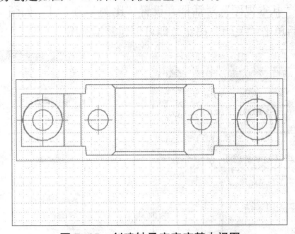

图 7-15 创建轴承座底座基本视图

素材位置	光盘 \ 素材 \ 项目 7\ 任务 1- 子任务 2.prt
效果位置	光盘 \ 效果 \ 项目 7\ 任务 1- 子任务 2.prt
视频位置	光盘 \ 视频 \ 项目 7\ 任务 1\ 子任务 2 创建轴承座底座基本视图 .mp4

操作步骤

STEP 01 按【Ctrl + O】组合键，打开素材模型文件，如图 7-16 所示。

STEP 02 在"主页"选项卡中单击"新建图纸页"按钮，弹出"图纸页"对话框，单击"确定"按钮，弹出"视图创建向导"对话框，单击"取消"按钮，如图 7-17 所示。

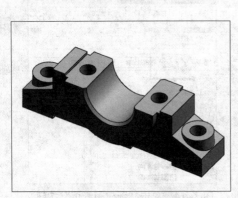

图 7-16 素材模型

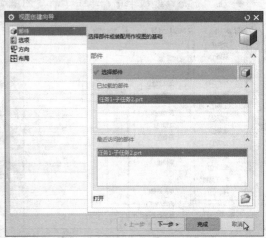

图 7-17 单击"取消"按钮

操作技巧 ☞

在创建模型基本视图时，需要在"制图首选项"对话框的"常规"选项卡中取消选中"始终启动视图创建"复选框。

STEP 03 执行操作后，即可新建图纸页，在"主页"选项卡的"视图"选项组中单击"基本视图"按钮，如图 7-18 所示。

STEP 04 弹出"基本视图"对话框，设置"比例"为 2:1，如图 7-19 所示，在绘图区中合适位置单击，然后单击"关闭"按钮，即可创建基本视图。

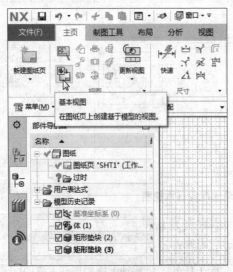

图 7-18 单击"基本视图"按钮

图 7-19 设置参数

操作技巧 👉

在"基本视图"对话框中，各主要选项的含义如下。

● "要使用的模型视图"列表框：用于设置向图纸中添加何种类型的视图。

● "定向视图工具"按钮 🔗：单击该按钮，弹出"定向视图工具"对话框，该对话框用于自由旋转、寻找合适的视角、设置关联方位视图和实时预览。

● "比例"列表框：用于设置图纸中的视图比例。

在 UG NX 10.0 中，单击"菜单"｜"插入"｜"视图"｜"基本"命令，如图 7-20 所示，也可以快速创建模型的基本视图。

图 7-20　单击"基本"命令

子任务 3　创建密封件投影视图

任 务 描 述

在 UG NX 10.0 中，"投影视图"命令可以将复杂部件引入特定角度（投影角度）的模型视图到工程图纸中。本任务创建如图 7-21 所示的投影视图。

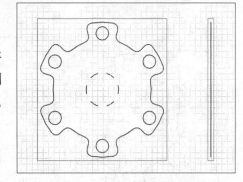

图 7-21　创建密封件投影视图

素材位置	光盘＼素材＼项目 7＼任务 1-子任务 3.prt
效果位置	光盘＼效果＼项目 7＼任务 1-子任务 3.prt
视频位置	光盘＼视频＼项目 7＼任务 1＼子任务 3 创建密封件投影视图 .mp4

操 作 步 骤

STEP 01 按【Ctrl＋O】组合键，打开素材模型文件，如图 7-22 所示。

STEP 02 在"主页"选项卡的"视图"选项组中，单击"投影视图"按钮，如图 7-23 所示。

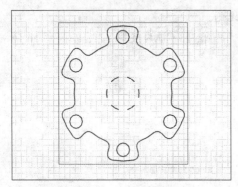

图 7-22　素材模型

图 7-23　单击"投影视图"按钮

STEP 03 执行操作后，即可弹出"投影视图"对话框，在绘图区中拖动至合适位置，如图 7-24 所示。

STEP 04 在合适位置上单击，执行操作后，在对话框中单击"关闭"按钮，如图 7-25 所示，即可创建投影视图。

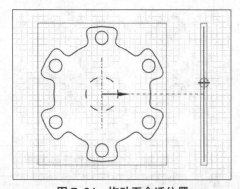

图 7-24　拖动至合适位置

图 7-25　单击"关闭"按钮

操作技巧 👉

在 UG NX 10.0 中，还可以通过以下两种方法新建图纸页。

● 单击"菜单"｜"插入"｜"视图"｜"投影"命令，如图 7-26 所示。

● 在"布局"选项卡中，单击"投影视图"按钮，如图 7-27 所示。

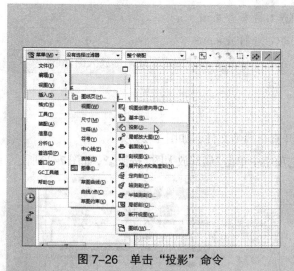

图 7-26　单击"投影"命令

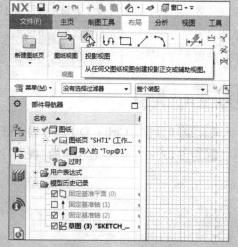

图 7-27　单击"投影视图"按钮

操作技巧 👉

在"投影视图"对话框中，各主要选项的含义如下。

● 视图：选择一个父视图。

● 自动判断：为视图自动判断铰链线和投影方向。

● 已定义：允许您为视图手工定义铰链线和投影方向。

● 反转投影方向：使投影箭头根据铰链线镜像。

● 关联：当铰链线与模型中平的面平行时，将铰链线自动关联该面。仅与自动判断矢量
选项一起可用。

● 指定位置：指定视图的屏幕位置。

● 放置：指定所选视图的放置。

● 关联对齐：当放置下的方法设置为除自动判断之外的任何方法时可用。

● 指定屏幕位置：指定投影视图的屏幕位置。

● 视图样式：打开视图样式对话框。

子任务 4　创建固定圆柱局部放大图

任 务 描 述

在 UG NX 10.0 中，用户可以使用"局部放大图"
命令将复杂部件引入局部放大的模型视图到工程图
纸中。本任务创建如图 7-28 所示的放大视图。

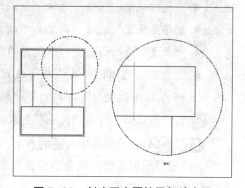

图 7-28　创建固定圆柱局部放大图

素材位置	光盘 \ 素材 \ 项目 7\ 任务 1- 子任务 4.prt
效果位置	光盘 \ 效果 \ 项目 7\ 任务 1- 子任务 4.prt
视频位置	光盘 \ 视频 \ 项目 7\ 任务 1\ 子任务 4 创建固定圆柱局部放大图 .mp4

操作步骤

STEP 01 按【Ctrl + O】组合键，打开素材模型文件，如图 7-29 所示。

STEP 02 在"主页"选项卡的"视图"选项组中单击"局部放大图"按钮，如图 7-30 所示。

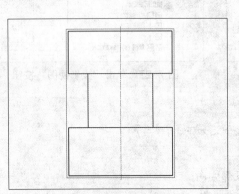

图 7-29 素材模型   图 7-30 单击"局部放大图"按钮

STEP 03 弹出"局部放大图"对话框，如图 7-31 所示。

操作技巧

在"局部放大图"对话框中，各主要选项的含义如下。

- "圆形"选项：创建有圆形边界的局部放大图。
- "按拐角绘制矩形"选项：通过选择对角线上的两个拐角点来创建矩形局部放大图边界。
- "按中心和拐角绘制矩形"选项：通过选择一个中心点和一个拐角点创建矩形局部放大图边界。
- "指定中心点"选项：定义圆形边界的中心。
- "指定边界点"选项：定义圆形边界的半径。
- "选择视图"选项：选择一个父视图。
- "指定位置"选项：指定局部放大图的位置。
- "放置"选项：指定所选视图的放置。
- "比例"选项区：默认局部放大图的比例因子大于父视图的比例因子。例如，从比例为 1:1 的父视图得到的局部放大图将生成比例为 2:1 的局部放大图。要更改默认的视图比例，可在"比例"列表中选择一个选项。

STEP 04 在绘图区中合适的点上，单击，并向右拖动至合适位置后，单击，弹出局部放大图，向右移动鼠标指针至合适位置，如图 7-32 所示，单击，然后单击"关闭"按钮，即可创建局部放大图。

图 7-31 "局部放大图"对话框

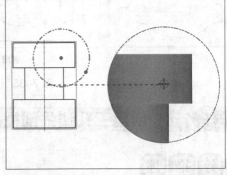

图 7-32 移动鼠标指针至合适位置

操作技巧 👉

在 UG NX 10.0 中，还可以通过以下两种方法局部放大工程图纸。

- 在单击"菜单"｜"插入"｜"视图"｜"局部放大图"命令，如图 7-33 所示。
- 在"主页"选项卡的"布局"选项组中单击"局部放大图"按钮 🔲，如图 7-34 所示。

图 7-33 单击"局部放大图"命令

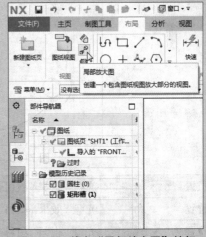

图 7-34 单击"局部放大图"按钮

任务 2　创建机械剖视图

在 UG NX 10.0 中，剖视图主要用于表达机件内部的结构形状，它是假想用一剖切面（平面或曲面）剖开机件，将处在观察者和剖切面之间的部分移去，而将其余部分向投影面上投射，这样得到的图形称为剖视图（简称剖视）。

本任务创建如图 7–35 所示的机械剖视图，具体通过"剖视图"命令、"展开的点和角度剖视图"命令以及"轴测剖视图"命令创建模型剖视图，掌握实体模型剖视图的创建方法。

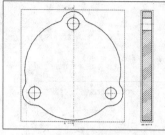

创建剖视图

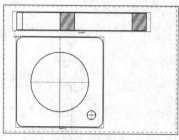

创建角度剖视图

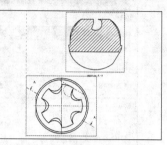

创建轴测剖视图

图 7–35　创建机械剖视图

子任务 1　创建三孔法兰剖视图

任务描述

在 UG NX 10.0 中，使用"剖视图"命令可以从任何父图纸视图创建一个投影剖视图。本任务创建如图 7–36 所示的剖视图。

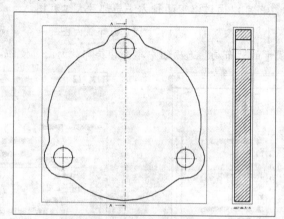

图 7–36　创建三孔法兰剖视图

素材位置	光盘 \ 素材 \ 项目 7\ 任务 2- 子任务 1.prt
效果位置	光盘 \ 效果 \ 项目 7\ 任务 2- 子任务 1.prt
视频位置	光盘 \ 视频 \ 项目 7\ 任务 2\ 子任务 1 创建三孔法兰剖视图 .mp4

操作步骤

STEP 01 按【Ctrl ＋ O】组合键，打开素材模型文件，如图 7–37 所示。

STEP 02 在"主页"选项卡的"视图"选项组中单击"剖视图"按钮，弹出"剖视图"对话框，移动鼠标指针至圆心位置处，单击，如图 7–38 所示。

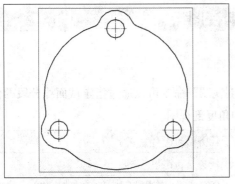

图 7-37　素材模型

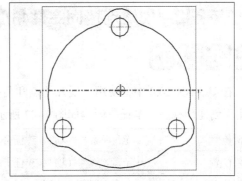

图 7-38　单击

STEP 03 向右移动鼠标指针至合适位置，如图 7-39 所示。

STEP 04 单击，然后单击"关闭"按钮，如图 7-40 所示，即可创建剖视图。

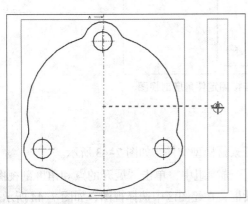

图 7-39　向右移动鼠标指针

图 7-40　单击"关闭"按钮

专家提醒 👉

　　在 UG NX 10.0 中，单击"菜单"|"插入"|"视图"|"剖视图"命令，如图 7-41 所示，也可以快速创建剖视图。

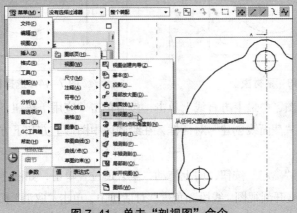

图 7-41　单击"剖视图"命令

子任务 2　创建连接固定件角度剖视图

任务描述

在 UG NX 10.0 中，使用"展开的点和角度剖视图"命令可以通过指定截面线分段的位置和角度创建剖视图。本任务创建如图 7-42 所示的角度剖视图。

素材位置	光盘 \ 素材 \ 项目 7\ 任务 2- 子任务 2.prt
效果位置	光盘 \ 效果 \ 项目 7\ 任务 2- 子任务 2.prt
视频位置	光盘 \ 视频 \ 项目 7\ 任务 2\ 子任务 2 创建连接固定件角度剖视图 .mp4

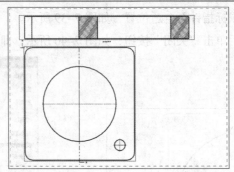

图 7-42　创建连接固定件角度剖视图

操作步骤

STEP 01 按【Ctrl + O】组合键，打开素材模型文件，如图 7-43 所示。

STEP 02 在"主页"选项卡的"视图"选项组中，单击"展开的点和角度剖视图"按钮，弹出"展开剖视图 - 线段和角度"对话框，在绘图区中选择视图，如图 7-44 所示。

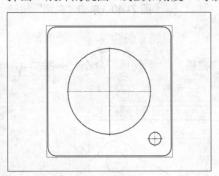

图 7-43　素材模型

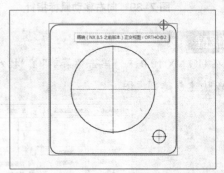

图 7-44　选择视图

STEP 03 在绘图区中最上方直线上单击，然后单击"应用"按钮，如图 7-45 所示。

STEP 04 弹出"截面线创建"对话框，在绘图区中图形上方和下方合适的点上单击，如图 7-46 所示。

STEP 05 单击"确定"按钮，向上拖动，至合适位置单击，如图 7-47 所示。

STEP 06 在"展开剖视图 - 线段和角度"对话框中，单击"取消"按钮，如图 7-48 所示，执行操作后，即可创建展开的点和角度剖视图。

图 7-45 单击"应用"按钮

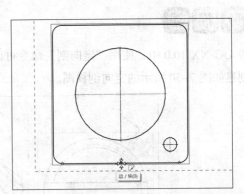

图 7-46 单击

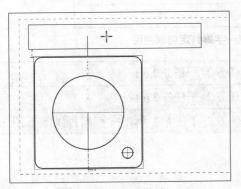

图 7-47 向上拖动

图 7-48 单击"取消"按钮

操作技巧 👉

在 UG NX 10.0 中，单击"菜单"|"插入"|"视图"|"展开的点和角度剖"命令，如图 7-49 所示，也可以快速创建展开的点和角度剖视图。

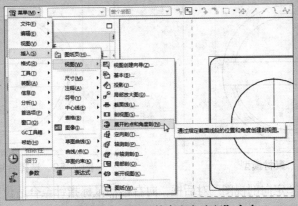

图 7-49 单击"展开的点和角度剖"命令

子任务 3   创建一字螺钉定向剖视图

任 务 描 述

在 UG NX 10.0 中，使用"定向剖"命令可以通过指定切割方向和方位来创建剖视图。本任务创建如图 7-50 所示的定向剖视图。

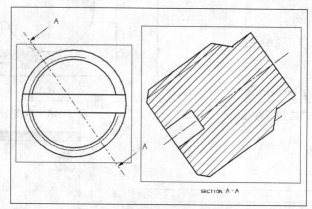

图 7-50   创建一字螺钉定向剖视图

素材位置	光盘 \ 素材 \ 项目 7\ 任务 2- 子任务 3.prt
效果位置	光盘 \ 效果 \ 项目 7\ 任务 2- 子任务 3.prt
视频位置	光盘 \ 视频 \ 项目 7\ 任务 2\ 子任务 3 创建一字螺钉定向剖视图 .mp4

操 作 步 骤

STEP 01 按【Ctrl + O】组合键，打开素材模型文件，如图 7-51 所示。

STEP 02 在"主页"选项卡的"视图"选项组中，单击"定向剖视图"按钮 ，弹出"截面线创建"对话框，在绘图区中，选择合适的圆弧对象，如图 7-52 所示，在对话框中单击"确定"按钮。

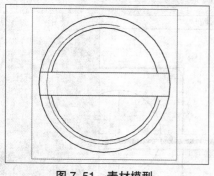

图 7-51   素材模型

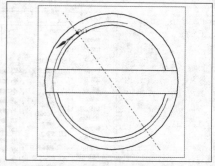

图 7-52   选择合适的圆弧对象

STEP 03 弹出"定向剖视图"对话框，向右移动鼠标指针至合适位置，单击，如图 7-53 所示。

STEP 04 然后在对话框中单击"取消"按钮，如图 7-54 所示，即可创建定向剖视图。

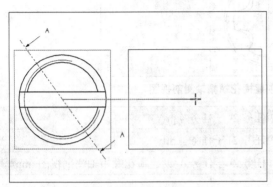

图 7-53　向右移动鼠标指针

图 7-54　单击"取消"按钮

操作技巧 👉

在 UG NX 10.0 中，单击"菜单"|"插入"|"视图"|"定向剖"命令，如图 7-55 所示，也可以快速创建定向剖视图。

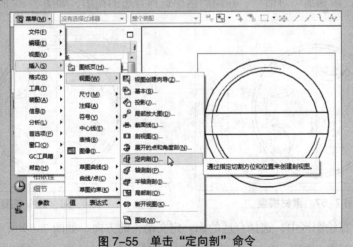

图 7-55　单击"定向剖"命令

子任务 4　创建梅花螺帽轴测剖视图

任务描述

在 UG NX 10.0 中，使用"轴测剖"命令，可以从任何父图纸视图创建一个基于轴测（3D）视图的剖视图。本任务创建如图 7-56 所示的轴测剖视图。

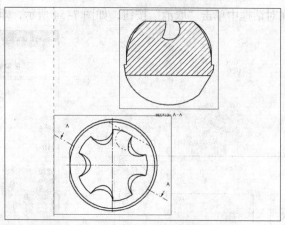

图 7-56　创建梅花螺帽轴测剖视图

素材位置	光盘 \ 素材 \ 项目 7\ 任务 2- 子任务 4.prt
效果位置	光盘 \ 效果 \ 项目 7\ 任务 2- 子任务 4.prt
视频位置	光盘 \ 视频 \ 项目 7\ 任务 2\ 子任务 4 创建梅花螺帽轴测剖视图 .mp4

操 作 步 骤

STEP 01　按【Ctrl + O】组合键，打开素材模型文件，如图 7-57 所示。

STEP 02　在"主页"选项卡的"视图"选项组中单击"轴测剖视图"按钮 ✍，弹出"轴测图中的简单剖 / 阶梯剖"对话框，在绘图区中选择合适的视图，如图 7-58 所示。

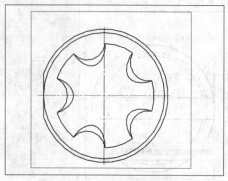

图 7-57　素材模型

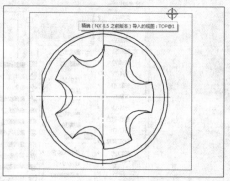

图 7-58　选择视图

STEP 03　在绘图区中，选择合适的面，定义箭头的方向，如图 7-59 所示。

STEP 04　单击"应用"按钮，然后在绘图区中选择合适的边线，定义剖切方向，如图 7-60 所示。

STEP 05　单击"应用"按钮，弹出"截面线创建"对话框，在绘图区中合适的点上单击，如图 7-61 所示。

STEP 06　单击"确定"按钮，弹出"轴测图中的简单剖 / 阶梯剖"对话框，向右上方拖动至合适位置，如图 7-62 所示，单击，在对话框中单击"取消"按钮，即可创建轴测剖视图。

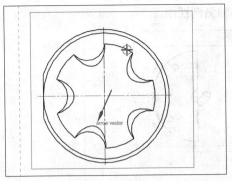

图 7-59　定义箭头方向

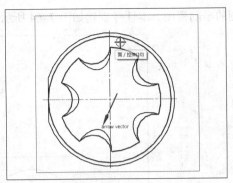

图 7-60　定义剖切方向

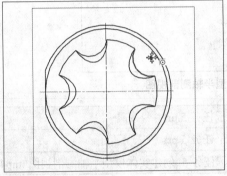

图 7-61　单击

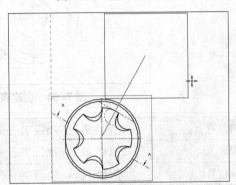

图 7-62　向右上方拖动

操作技巧 👉

　　在 UG NX 10.0 中，单击"菜单"|"插入"|"视图"|"轴测剖"命令，如图 7-63 所示，也可以快速创建轴测剖视图。

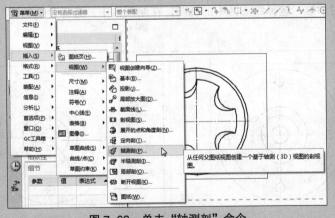

图 7-63　单击"轴测剖"命令

子任务 5　创建实体模型半轴测剖视图

任务描述

　　在 UG NX 10.0 中，使用"半轴测剖"命令，可以从任何父图纸视图创建一个基于轴测（3D）

视图的半剖视图。本任务创建如图 7-64 所示的半轴测剖视图。

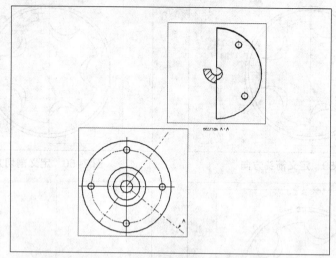

图 7-64　创建实体模型半轴测剖视图

素材位置	光盘 \ 素材 \ 项目 7\ 任务 2- 子任务 5.prt
效果位置	光盘 \ 效果 \ 项目 7\ 任务 2- 子任务 5.prt
视频位置	光盘 \ 视频 \ 项目 7\ 任务 2\ 子任务 5　创建实体模型半轴测剖视图 .mp4

操 作 步 骤

STEP 01 按【Ctrl + O】组合键，打开素材模型文件，如图 7-65 所示。

STEP 02 在"主页"选项卡的"视图"选项组中单击"半轴测剖视图"按钮，弹出"轴测图中的半剖"对话框，选择绘图区中的视图，在绘图区中，选择合适的圆，如图 7-66 所示，定义箭头的方向。

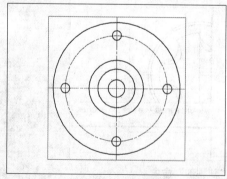

图 7-65　素材模型

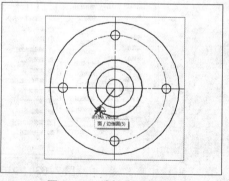

图 7-66　选择合适的圆

STEP 03 单击"应用"按钮，然后在绘图区中选择合适的圆，如图 7-67 所示。

STEP 04 单击"应用"按钮，弹出"截面线创建"对话框，在绘图区中合适的点上单击，如图 7-68 所示。

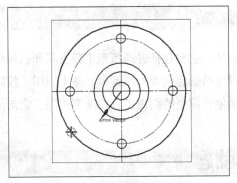

图 7-67　选择圆

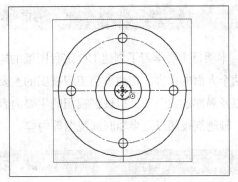

图 7-68　单击

STEP 05 然后在该点再次单击，确定截面线，如图 7-69 所示，然后单击"确定"按钮。

STEP 06 执行操作后，弹出"轴测图中的半剖"对话框，向右上方拖动至合适位置，如图 7-70 所示，执行操作后，单击"取消"按钮，即可创建半轴测剖视图。

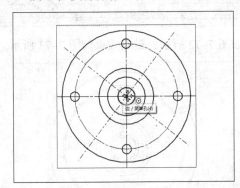

图 7-69　再次单击

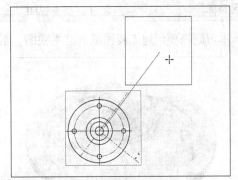

图 7-70　向右上方拖动

操作技巧 👉

在 UG NX 10.0 中，单击"菜单"|"插入"|"视图"|"半轴测剖"命令，如图 7-71 所示，也可以快速创建半轴测剖视图。

图 7-71　单击"半轴测剖"命令

项 目 小 结

本项目主要学习了创建 UG 工程图纸的操作方法，主要包括普通模型工程视频和机械剖视图两个方面的内容，普通模型工程视图的主要内容包括创建模型的图纸页、基本视图、投影视图以及局部放大图等，机械剖视图的主要内容包括创建模型的剖视图、角度剖视图、定向剖视图、轴测剖视图以及半轴测剖视图等内容。

课 后 习 题

鉴于本项目知识的重要性，为帮助用户更好地掌握所学知识，通过课后习题对本项目内容进行简单的知识回顾。

素材位置	光盘 \ 素材 \ 项目 7\ 课后习题 .prt
效果位置	光盘 \ 效果 \ 项目 7\ 课后习题 .prt
学习目标	通过"基本视图"命令，掌握创建基本视图的操作方法。

本习题需要创建工程图纸的基本视图，素材如图 7-72 所示，最终效果如图 7-73 所示。

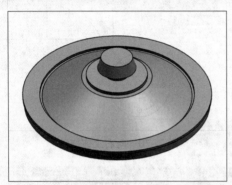

图 7-72　素材模型

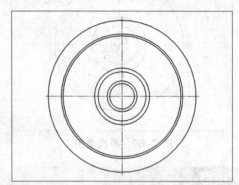

图 7-73　装配模型后的效果

项目 **8** 标注 UG 工程尺寸

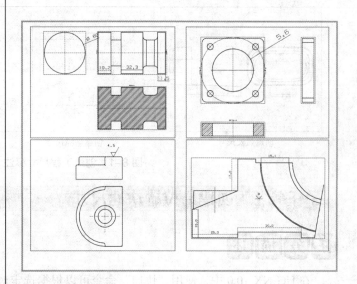

项目导读

　　一张完整的二维工程图是由一组视图、标注尺寸、工程图符号等项目构成的。在创建需要表达的视图后，还需要加上标注尺寸和工程图符号等项目。本项目主要学习创建工程尺寸的基本命令和操作。

任务 1 创建工程尺寸标注

尺寸标注用于标识对象的尺寸大小。由于 UG 工程图模块和三维实体造型模块是完全关联的，因此在工程图中进行尺寸标注就是直接引用三维模型的尺寸。

本任务创建如图 8-1 所示的工程尺寸标注，具体通过"径向"命令、"角度"命令、"厚度"命令以及"弧长"命令等创建模型的尺寸标注，掌握工程尺寸标注的创建方法。

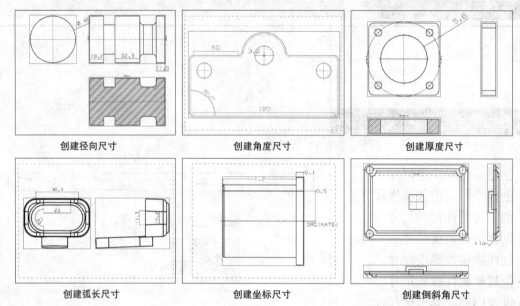

| 创建径向尺寸 | 创建角度尺寸 | 创建厚度尺寸 |
| 创建弧长尺寸 | 创建坐标尺寸 | 创建倒斜角尺寸 |

图 8-1　创建工程尺寸标注

子任务 1 创建易拉罐快速尺寸

任 务 描 述

在 UG NX 10.0 中，使用"快速"命令可以根据选定对象和光标的位置自动判断尺寸类型来创建一个尺寸。本任务创建如图 8-2 所示的尺寸标注。

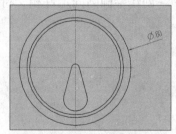

图 8-2　创建易拉罐快速尺寸

素材位置	光盘 \ 素材 \ 项目 8\ 任务 1- 子任务 1.prt
效果位置	光盘 \ 效果 \ 项目 8\ 任务 1- 子任务 1.prt
视频位置	光盘 \ 视频 \ 项目 8\ 任务 1\ 子任务 1 创建易拉罐快速尺寸 .mp4

操 作 步 骤

STEP 01 按【Ctrl + O】组合键，打开素材模型文件，如图 8-3 所示。

STEP 02 在"布局"选项卡的"尺寸"选项组中单击"快速"按钮，如图 8-4 所示。

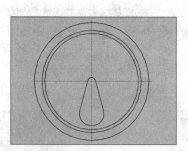

图 8-3　素材模型

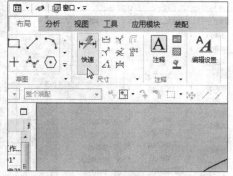

图 8-4　单击"快速"按钮

STEP 03 弹出"快速尺寸"对话框，在绘图区中选择圆弧，单击，如图 8-5 所示。

STEP 04 执行操作后，拖动至合适位置，单击，如图 8-6 所示。

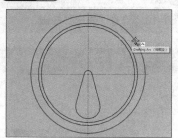

图 8-5　单击 1

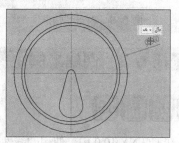

图 8-6　单击 2

STEP 05 执行操作后，单击"关闭"按钮，如图 8-7 所示。

STEP 06 执行操作后，即可标注快速尺寸，如图 8-8 所示。

图 8-7　单击"关闭"按钮

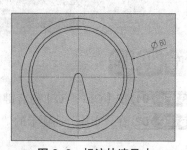

图 8-8　标注快速尺寸

操作技巧 ☞

在 UG NX 10.0 中，还可以通过以下两种方法创建快速尺寸。

● 单击"菜单"｜"插入"｜"尺寸"｜"快速"命令，如图 8-9 所示。

● 在"主页"选项卡的"尺寸"选项组中单击"快速"按钮，如图 8-10 所示。

图 8-9 单击"快速"命令　　　　　图 8-10 单击"快速"按钮

子任务 2　创建半圆定位件线性尺寸

任 务 描 述

在 UG NX 10.0 中，使用"线性"命令，可以在两个对象或点位置之间创建线性尺寸。本任务创建如图 8-11 所示的尺寸标注。

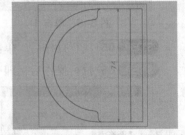

图 8-11　创建半圆定位件线性尺寸

素材位置	光盘 \ 素材 \ 项目 8\ 任务 1- 子任务 2.prt
效果位置	光盘 \ 效果 \ 项目 8\ 任务 1- 子任务 2.prt
视频位置	光盘 \ 视频 \ 项目 8\ 任务 1\ 子任务 2 创建半圆定位件线性尺寸 .mp4

操 作 步 骤

STEP 01 按【Ctrl + O】组合键，打开素材模型文件，如图 8-12 所示。

STEP 02 在"布局"选项卡的"尺寸"选项组中单击"线性"按钮，如图 8-13 所示。

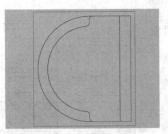

图 8-12 素材模型

图 8-13 单击"线性"按钮

STEP 03 弹出"线性尺寸"对话框，在绘图区中，选择相应的直线，单击，如图 8-14 所示。

STEP 04 执行操作后，向左拖动至合适位置，如图 8-15 所示，单击，单击"关闭"按钮，即可标注线性尺寸。

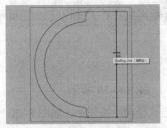

图 8-14 单击

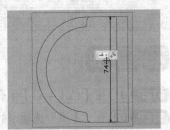

图 8-15 拖动至合适位置

操作技巧 👉

在 UG NX 10.0 中，还可以通过以下两种方法创建快速尺寸。

- 单击"菜单"｜"插入"｜"尺寸"｜"线性"命令，如图 8-16 所示。
- 在"主页"选项卡的"尺寸"选项组中单击"线性"按钮 凵，如图 8-17 所示。

图 8-16 单击"线性"命令

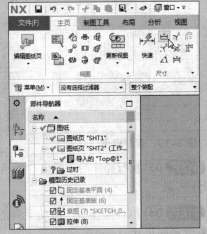

图 8-17 单击"线性"按钮

子任务 3 创建转子件径向尺寸

任务 描述

在 UG NX 10.0 中，使用"径向"命令可以创建圆形对象的半径或直径尺寸。本任务创建如图 8-18 所示的尺寸标注。

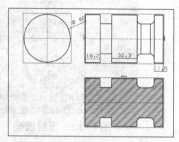

图 8-18 创建转子件径向尺寸

素材位置	光盘 \ 素材 \ 项目 8\ 任务 1- 子任务 3.prt
效果位置	光盘 \ 效果 \ 项目 8\ 任务 1- 子任务 3.prt
视频位置	光盘 \ 视频 \ 项目 8\ 任务 1\ 子任务 3 创建转子件径向尺寸 .mp4

操 作 步 骤

STEP 01 按【Ctrl + O】组合键，打开素材模型文件，如图 8-19 所示。

STEP 02 在"主页"选项卡的"尺寸"选项组中，单击"径向"按钮，如图 8-20 所示。

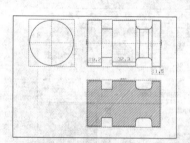

图 8-19 素材模型

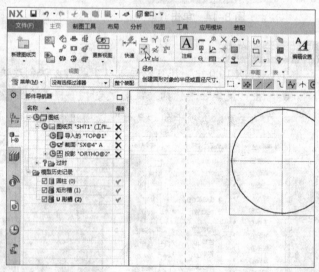

图 8-20 单击"径向"按钮

STEP 03 执行操作后，弹出"半径尺寸"对话框，在绘图区中选择相应的圆，单击，如图 8-21 所示。

STEP 04 执行操作后，拖动至合适位置，如图 8-22 所示，单击，单击"关闭"按钮，即可标注径向尺寸。

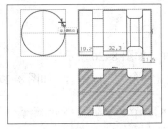

图 8-21　单击

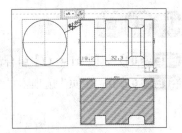

图 8-22　标注径向尺寸

操作技巧 👉

在 UG NX 10.0 中，还可以通过以下两种方法创建径向尺寸。

● 单击"菜单"｜"插入"｜"尺寸"｜"径向"命令，如图 8-23 所示。

● 在"布局"选项卡的"尺寸"选项组中单击"径向"按钮 ，如图 8-24 所示。

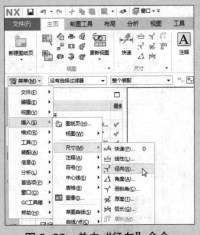

图 8-23　单击"径向"命令

图 8-24　单击"径向"按钮

子任务 4　创建护壳角度尺寸

任 务 描 述

在 UG NX 10.0 中，使用"角度"命令可以创建以度为单位定义基线和非平行第二条线之间的角度尺寸。本任务创建如图 8-25 所示的角度尺寸标注。

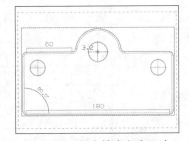

图 8-25　创建护壳角度尺寸

素材位置	光盘 \ 素材 \ 项目 8\ 任务 1- 子任务 4.prt
效果位置	光盘 \ 效果 \ 项目 8\ 任务 1- 子任务 4.prt
视频位置	光盘 \ 视频 \ 项目 8\ 任务 1\ 子任务 4 创建护壳角度尺寸 .mp4

【操】【作】【步】【骤】

STEP 01 按【Ctrl + O】组合键，打开素材模型文件，如图 8-26 所示。

STEP 02 在"主页"选项卡的"尺寸"选项组中，单击"角度"按钮 ⊿，如图 8-27 所示。

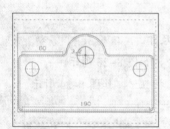

图 8-26　素材模型　　　　　　　　　图 8-27　单击"角度"按钮

STEP 03 弹出"角度尺寸"对话框，在绘图区中合适的直线上单击，如图 8-28 所示。

STEP 04 执行操作后，在绘图区中合适的直线上单击，如图 8-29 所示。

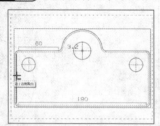

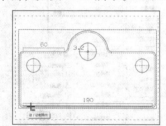

图 8-28　单击 1　　　　　　　　　　图 8-29　单击 2

STEP 05 向右上方拖动，显示相应的角度尺寸，如图 8-30 所示。

STEP 06 至合适位置后单击，在"角度尺寸"对话框中，单击"关闭"按钮，如图 8-31 所示，即可标注角度尺寸。

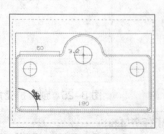

图 8-30　标注角度尺寸　　　　　　　图 8-31　单击"关闭"按钮

操作技巧 👉

在 UG NX 10.0 中，还可以通过以下两种方法创建角度尺寸。

● 单击"菜单"｜"插入"｜"尺寸"｜"角度"命令，如图 8-32 所示。

● 在"布局"选项卡的"尺寸"选项组中单击"角度"按钮⊿，如图 8-33 所示。

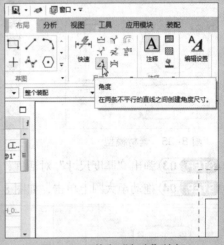

图 8-32　单击"角度"命令　　　　图 8-33　单击"角度"按钮

子任务 5　创建固定块厚度尺寸

任务描述

在 UG NX 10.0 中，使用"厚度"尺寸功能可以创建两条曲线（包括样条）之间的厚度尺寸。厚度尺寸测量第一条曲线上的点与第二条曲线上的交点之间的距离。本任务创建如图 8-34 所示的厚度尺寸标注。

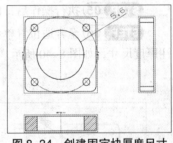

图 8-34　创建固定块厚度尺寸

素材位置	光盘\素材\项目 8\任务 1- 子任务 5.prt
效果位置	光盘\效果\项目 8\任务 1- 子任务 5.prt
视频位置	光盘\视频\项目 8\任务 1\子任务 5 创建固定块厚度尺寸 .mp4

操作步骤

STEP 01 按【Ctrl + O】组合键，打开素材模型文件，如图 8-35 所示。

STEP 02 在"主页"选项卡的"尺寸"选项组中单击"厚度"按钮，如图 8-36 所示。

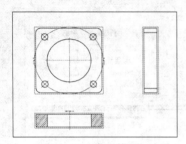

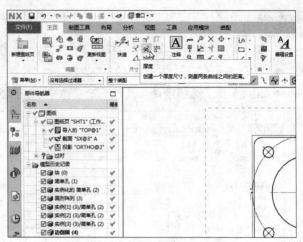

图 8-35　素材模型　　　　　　　　　图 8-36　单击"厚度"按钮

STEP 03 弹出"厚度尺寸"对话框，在绘图区中的小圆上单击，如图 8-37 所示。

STEP 04 拖动至大圆上单击，如图 8-38 所示。

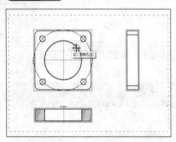

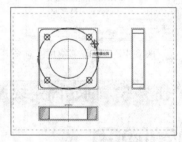

图 8-37　单击　　　　　　　　　　　图 8-38　拖动

STEP 05 执行操作后，向右拖动，显示厚度尺寸，如图 8-39 所示。

STEP 06 至合适位置单击，然后在"厚度尺寸"对话框中，单击"关闭"按钮，即可标注厚度尺寸，如图 8-40 所示。

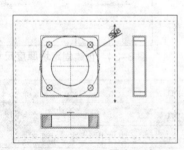

图 8-39　显示厚度尺寸　　　　　　　图 8-40　单击"关闭"按钮

操作技巧 👉

在 UG NX 10.0 中，还可以通过以下两种方法创建厚度尺寸。

● 单击"菜单" | "插入" | "尺寸" | "厚度"命令，如图 8-41 所示。

● 在"布局"选项卡的"尺寸"选项组中单击"厚度"按钮，如图 8-42 所示。

图 8-41 单击"厚度"命令

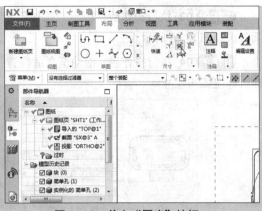

图 8-42 单击"厚度"按钮

子任务 6　创建椭圆件弧长尺寸

任 务 描 述

在 UG NX 10.0 中，使用"弧长"命令可以创建测量模型的弧长尺寸。本任务创建如图 8-43 所示的弧长尺寸标注。

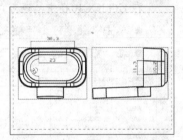

图 8-43　创建椭圆件弧长尺寸

素材位置	光盘 \ 素材 \ 项目 8\ 任务 1- 子任务 6.prt
效果位置	光盘 \ 效果 \ 项目 8\ 任务 1- 子任务 6.prt
视频位置	光盘 \ 视频 \ 项目 8\ 任务 1\ 子任务 6 创建椭圆件弧长尺寸 .mp4

操 作 步 骤

STEP 01 按【Ctrl + O】组合键，打开素材模型文件，如图 8-44 所示。

STEP 02 在"主页"选项卡的"尺寸"选项组中，单击"弧长"按钮，如图 8-45 所示。

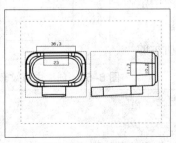

图 8-44　素材模型

图 8-45　单击"弧长"按钮

STEP 03 执行操作后，弹出"弧长尺寸"对话框，在对话框中，选择左侧视图的右侧内圆弧，如图 8-46 所示。

STEP 04 执行操作后，拖动至合适位置，如图 8-47 所示，单击，然后单击"关闭"按钮，即可标注弧长尺寸。

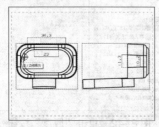

图 8-46　选择圆弧

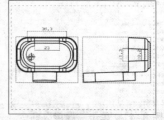

图 8-47　拖动至合适位置

操作技巧 👉

在 UG NX 10.0 中，还可以通过以下两种方法创建弧长尺寸。

● 单击"菜单"｜"插入"｜"尺寸"｜"弧长"命令，如图 8-48 所示。

● 在"布局"选项卡的"尺寸"选项组中单击"弧长"按钮，如图 8-49 所示。

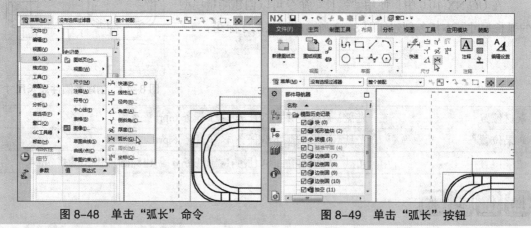

图 8-48　单击"弧长"命令　　　　　　　图 8-49　单击"弧长"按钮

子任务 7　创建内螺纹套坐标尺寸

任务描述

在 UG NX 10.0 中，坐标尺寸功能是通过在工程图中定义一个原点作为设置距离的参考点，通过该参考点给出选择对象的水平或竖直方向的坐标。本任务创建如图 8-50 所示的坐标尺寸标注。

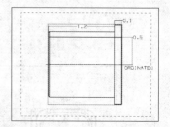

图 8-50　创建内螺纹套坐标尺寸

素材位置	光盘 \ 素材 \ 项目 8\ 任务 1- 子任务 7.prt
效果位置	光盘 \ 效果 \ 项目 8\ 任务 1- 子任务 7.prt
视频位置	光盘 \ 视频 \ 项目 8\ 任务 1\ 子任务 7 创建内螺纹套坐标尺寸 .mp4

操作步骤

STEP 01 按【Ctrl + O】组合键，打开素材模型文件，如图 8-51 所示。

STEP 02 在"主页"选项卡的"尺寸"选项组中，单击"坐标"按钮，如图 8-52 所示。

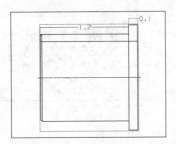

图 8-51　素材模型

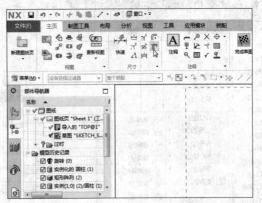

图 8-52　单击"坐标"按钮

STEP 03 弹出"坐标尺寸"对话框，在绘图区中心线右侧的点上单击，显示出一个坐标，如图 8-53 所示。

STEP 04 拖动至合适的点上单击，如图 8-54 所示。

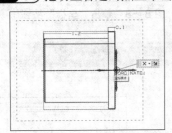

图 8-53　显示出一个坐标

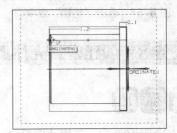

图 8-54　单击

STEP 05 向右拖动至合适位置，显示相关坐标尺寸，如图 8-55 所示。

STEP 06 在"坐标尺寸"对话框中，单击"关闭"按钮，如图 8-56 所示，即可标注坐标尺寸。

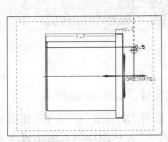

图 8-55　显示相关坐标尺寸

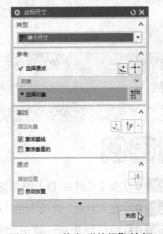

图 8-56　单击"关闭"按钮

操作技巧 👉

在 UG NX 10.0 中，还可以通过以下两种方法创建坐标尺寸。

● 单击"菜单"｜"插入"｜"尺寸"｜"坐标"命令，如图 8-57 所示。

● 在"布局"选项卡的"尺寸"选项组中单击"坐标"按钮 ，如图 8-58 所示。

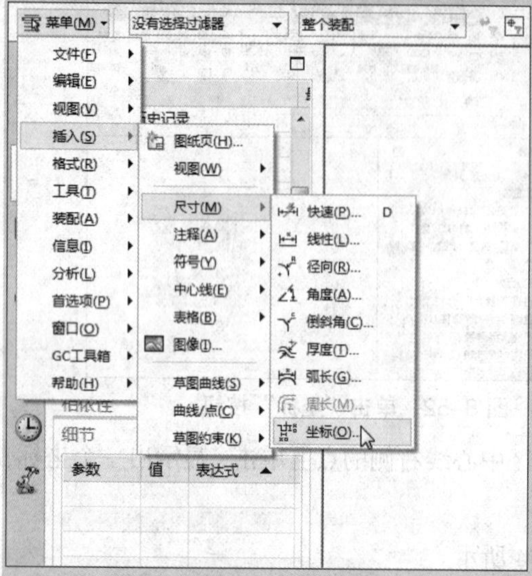

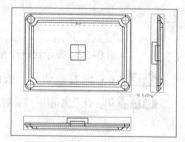

图 8-57　单击"坐标"命令 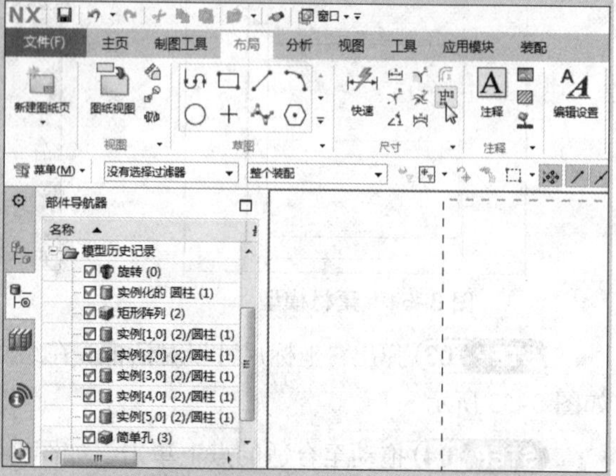　　　　　　　图 8-58　单击"坐标"按钮

子任务 8　创建密封壳体倒斜角尺寸

任 务 描 述

在 UG NX 10.0 中，使用"倒斜角"命令可以在倒斜角曲线上创建倒斜角尺寸。本任务创建如图 8-59 所示的倒斜角尺寸标注。

图 8-59　创建密封壳体倒斜角尺寸

素材位置	光盘 \ 素材 \ 项目 8\ 任务 1- 子任务 8.prt
效果位置	光盘 \ 效果 \ 项目 8\ 任务 1- 子任务 8.prt
视频位置	光盘 \ 视频 \ 项目 8\ 任务 1\ 子任务 8 创建密封壳体倒斜角尺寸 .mp4

操 作 步 骤

STEP 01 按【Ctrl + O】组合键，打开素材模型文件，如图 8-60 所示。

STEP 02 在"主页"选项卡的"尺寸"选项组中，单击"倒斜角"按钮 ，如图 8-61 所示。

STEP 03 执行操作后，弹出"倒斜角尺寸"对话框，在绘图区中合适的直线上单击，如

图 8-62 所示。

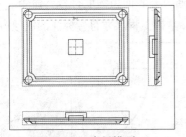

图 8-60　素材模型

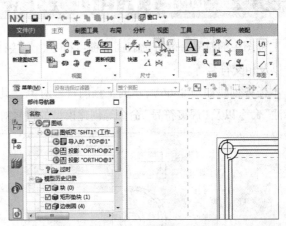

图 8-61　单击"倒斜角"按钮

STEP 04 执行操作后，向左下方拖动，如图 8-63 所示，至合适位置后单击，单击"关闭"按钮，即可标注倒斜角尺寸。

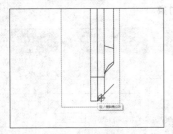

图 8-62　单击

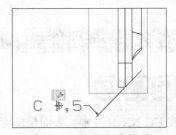

图 8-63　向左下方拖动

操作技巧 ☞

在 UG NX 10.0 中，还可以通过以下两种方法创建倒斜角尺寸。

● 单击"菜单"｜"插入"｜"尺寸"｜"倒斜角"命令，如图 8-64 所示。

● 在"布局"选项卡的"尺寸"选项组中单击"倒斜角"按钮 ，如图 8-65 所示。

图 8-64　单击"倒斜角"命令

图 8-65　单击"倒斜角"按钮

任务 2 创建工程图符号对象

工程图中的符号一般分为表面粗糙度符号、焊接符号、标识符号、目标点符号、基准特征符号以及相交符号等。

本任务创建如图 8-66 所示的工程图符号对象，具体通过"表面粗糙度符号"命令、"符号标注"命令以及"焊接符号"命令等创建模型的符号对象，掌握工程尺寸符号标注的创建方法。

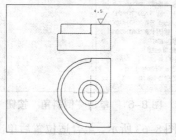
创建表面粗糙度符号

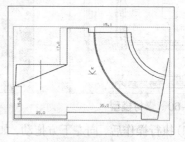
创建焊接符号标注

图 8-66 创建工程图符号对象

子任务 1 创建推紧件粗糙度符号

任务描述

在 UG NX 10.0 中，表面粗糙度为表示工程图中对象的表面粗糙程度的指标，通过"表面粗糙度符号"对话框可以进行粗糙度符号的标注。本任务创建如图 8-67 所示的工程图符号。

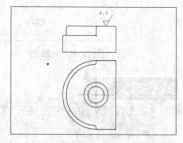

图 8-67 创建推紧件粗糙度符号

素材位置	光盘\素材\项目 8\任务 2- 子任务 1.prt
效果位置	光盘\效果\项目 8\任务 2- 子任务 1.prt
视频位置	光盘\视频\项目 8\任务 2\子任务 1 创建推紧件粗糙度符号 .mp4

操作步骤

STEP 01 按【Ctrl＋O】组合键，打开素材模型文件，如图 8-68 所示。

STEP 02 在"主页"选项卡中的"注释"选项组中，单击"表面粗糙度符号"按钮 √，如图 8-69 所示。

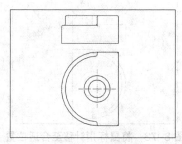

图 8-68　素材模型　　　　　图 8-69　单击"表面粗糙度符号"按钮

STEP 03 弹出"表面粗糙度"对话框，单击"除料"右侧的下拉按钮，在弹出的列表框中选择"需要移除材料"选项，如图 8-70 所示。

STEP 04 在对话框中设置"上部文本"为 4.5、"加工公差"为"1.00 ± .05 等双向公差"，在"设置"选项区中，单击"设置"按钮，如图 8-71 所示。

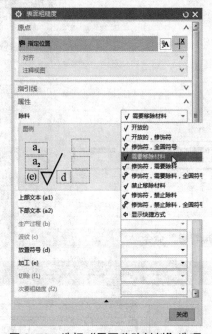

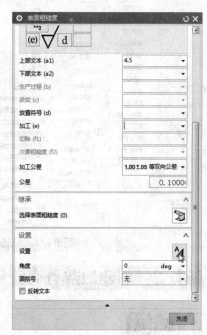

图 8-70　选择"需要移除材料"选项　　　　图 8-71　单击"设置"按钮

STEP 05 弹出"设置"对话框，切换至"文字"选项卡，在"高度"右侧的文本框中，输入 2，如图 8-72 所示。

STEP 06 单击"关闭"按钮，返回到"表面粗糙度"对话框，将鼠标指针移至绘图区中的合适位置处，如图 8-73 所示，单击，并在"表面粗糙度"对话框中，单击"关闭"按钮，即可标注表面粗糙度符号。

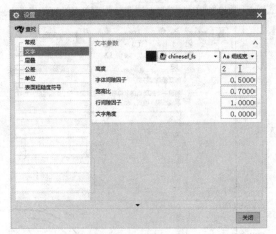

图 8-72　输入参数

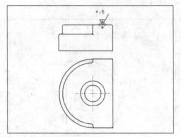

图 8-73　将鼠标指针移至合适位置

操作技巧

在 UG NX 10.0 中，单击"菜单"｜"插入"｜"注释"｜"表面粗糙度符号"命令，如图 8-74 所示，也可以快速创建表面粗糙度符号。

图 8-74　单击"表面粗糙度符号"命令

子任务 2　创建散热外壳符号标注

任务描述

在 UG NX 10.0 中，使用符号标注功能，可以创建带或不带指引线的标识符号。本任务创建如图 8-75 所示的符号标注。

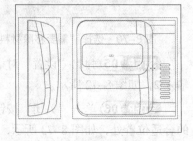

图 8-75　创建散热外壳符号标注

素材位置	光盘 \ 素材 \ 项目 8\ 任务 2- 子任务 2.prt
效果位置	光盘 \ 效果 \ 项目 8\ 任务 2- 子任务 2.prt
视频位置	光盘 \ 视频 \ 项目 8\ 任务 2\ 子任务 2 创建散热外壳符号标注 .mp4

操 作 步 骤

STEP 01 按【Ctrl ＋ O】组合键，打开素材模型文件，如图 8–76 所示。

STEP 02 在"主页"选项卡中的"注释"选项组中单击"符号标注"按钮，如图 8–77 所示。

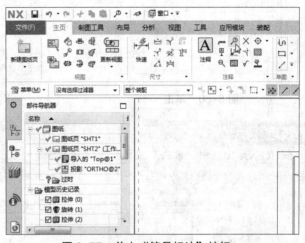

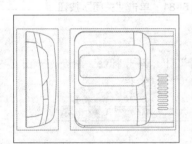

图 8–76　素材模型　　　　　　　图 8–77　单击"符号标注"按钮

STEP 03 弹出"符号标注"对话框，单击"类型"右侧的下拉按钮，在弹出的列表框，选择"圆角方块"选项，如图 8–78 所示。

STEP 04 在"文本"右侧的文本框中输入 6，如图 8–79 所示。

图 8–78　选择"圆角方块"选项　　　　图 8–79　输入数值

操作技巧 ☞

在"符号标注"对话框的"类型"下拉列表框中，显示了多种不同类型的符号标注样式，用户可根据实际需要进行选择。

STEP 05 在绘图区中的矩形的相应位置上，单击，如图 8-80 所示，指定符号标注的显示位置。

STEP 06 确定符号标注位置后，在"符号标注"对话框中，单击"关闭"按钮，如图 8-81 所示，即可标注符号标注。

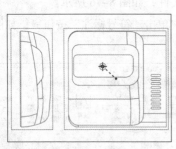

图 8-80　单击

图 8-81　单击"关闭"按钮

操作技巧 ☞

　　在 UG NX 10.0 中，单击"菜单"｜"插入"｜"注释"｜"符号标注"命令，如图 8-82 所示，也可以快速创建符号标注。

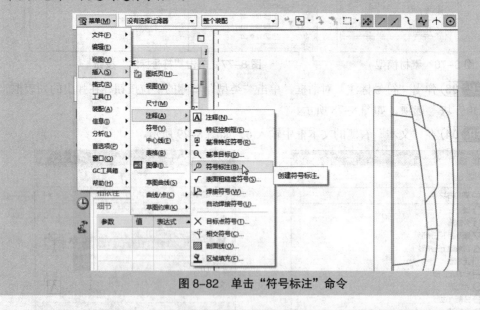

图 8-82　单击"符号标注"命令

子任务 3　创建固定底座焊接符号

任 务 描 述

　　在 UG NX 10.0 中，焊接符号功能可以创建一个焊接符号来指定焊接参数，如类型、轮廓形状、大小、长度、间距以及精加工方法。本任务创建如图 8-83 所示的焊接符号。

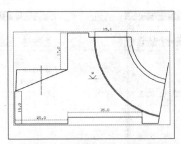

图 8-83 创建固定底座焊接符号

素材位置	光盘 \ 素材 \ 项目 8\ 任务 2- 子任务 3.prt
效果位置	光盘 \ 效果 \ 项目 8\ 任务 2- 子任务 3.prt
视频位置	光盘 \ 视频 \ 项目 8\ 任务 2\ 子任务 3 创建固定底座焊接符号 .mp4

操 作 步 骤

STEP 01 按【Ctrl＋O】组合键，打开素材模型文件，如图 8-84 所示。

STEP 02 在"主页"选项卡中的"注释"选项组中单击"焊接符号"按钮，如图 8-85 所示。

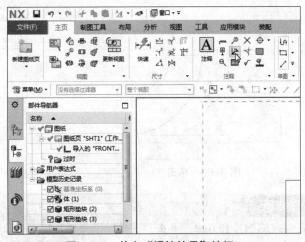

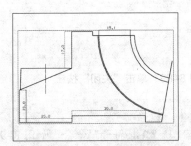

图 8-84 素材模型   **图 8-85 单击"焊接符号"按钮**

STEP 03 弹出"焊接符号"对话框，在"其他侧"选项组中，单击"无"右侧的下拉按钮，在弹出的列表框中选择"V 形对接焊"选项，如图 8-86 所示。

STEP 04 在"其他侧"选项组中，单击右侧的下拉按钮，在弹出的列表框中，选择"加工"选项，如图 8-87 所示。

STEP 05 在绘图区中的合适位置单击，确定焊接符号的放置位置，如图 8-88 所示。

STEP 06 在"焊接符号"对话框中，单击"关闭"按钮，如图 8-89 所示，即可标注焊接符号。

图 8-86 选择 "V 形对接焊" 选项

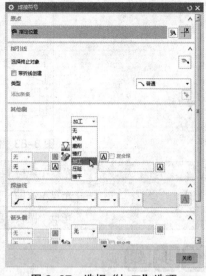

图 8-87 选择 "加工" 选项

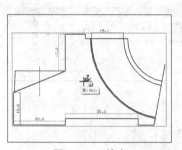

图 8-88 单击

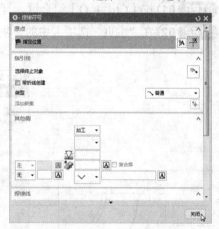

图 8-89 单击 "关闭" 按钮

操作技巧 👉

在 UG NX 10.0 中，单击 "菜单" | "插入" | "注释" | "焊接符号" 命令，如图 8-90 所示，也可以快速创建焊接符号。

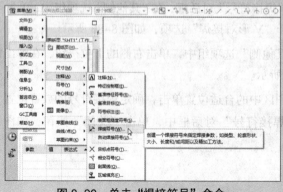

图 8-90 单击 "焊接符号" 命令

子任务 4 创建半椭圆固定件相交符号

任务描述

在 UG NX 10.0 中,使用"相交符号"命令,可以在绘图区中,创建相应的相交符号,该符号代表拐角的证示线。本任务创建如图 8-91 所示的相交符号。

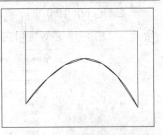

图 8-91 创建相交符号

素材位置	光盘 \ 素材 \ 项目 8\ 任务 2- 子任务 4.prt
效果位置	光盘 \ 效果 \ 项目 8\ 任务 2- 子任务 4.prt
视频位置	光盘 \ 视频 \ 项目 8\ 任务 2\ 子任务 4 创建半椭圆固定件相交符号 .mp4

操作步骤

STEP 01 按【Ctrl + O】组合键,打开素材模型文件,如图 8-92 所示。

STEP 02 在"主页"选项卡中的"注释"选项组中单击"相交符号"按钮,如图 8-93 所示。

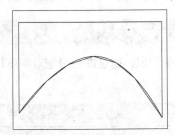

图 8-92 素材模型

图 8-93 单击"相交符号"按钮

STEP 03 弹出"相交符号"对话框,在绘图区中,依次选择视图的最上方直线和左侧的垂直直线,如图 8-94 所示。

STEP 04 在"相交符号"对话框中,单击"确定"按钮,如图 8-95 所示,执行操作后,即可标注相交符号。

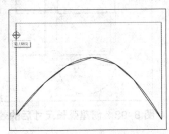

图 8-94 选择两条直线

图 8-95 单击"确定"按钮

操作技巧 ☞

在 UG NX 10.0 中，单击"菜单"|"插入"|"注释"|"相交符号"命令，如图 8-96 所示，也可以快速创建相交符号。

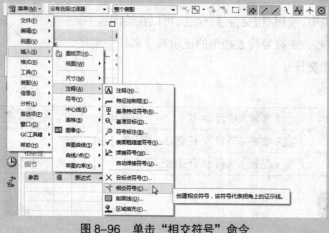

图 8-96　单击"相交符号"命令

项 目 小 结

本项目主要学习了创建 UG 工程尺寸标注和工程图符号标注的操作方法，工程尺寸标注主要包括创建快速尺寸、线性尺寸、径向尺寸、角度尺寸、厚度尺寸、弧长尺寸、坐标尺寸以及倒斜角尺寸等；工程图符号标注主要包括表面粗糙度符号、符号标注、焊接符号以及相交符号等。

课 后 习 题

鉴于本项目知识的重要性，为帮助用户更好地掌握所学知识，通过课后习题对本项目内容进行简单的知识回顾。

素材位置	光盘 \ 素材 \ 项目 8\ 课后习题 .prt
效果位置	光盘 \ 效果 \ 项目 8\ 课后习题 .prt
学习目标	通过"弧长"命令，掌握创建弧长尺寸的操作方法。

本习题需要创建工程图纸的弧长尺寸，素材如图 8-97 所示，最终效果如图 8-98 所示。

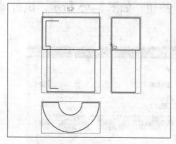

图 8-97　素材模型

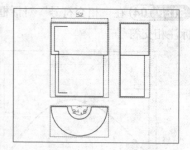

图 8-98　创建弧长尺寸后的效果

项目 9 绘制标准零件

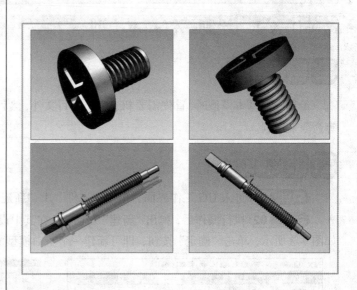

项目导读

　　标准件是指结构、尺寸、画法、标记等各个方面已经完全标准化，并由专业厂生产的常用的零（部）件，如螺纹件、键、销、滚动轴承等。本项目主要学习平头十字螺钉、梯形牙丝杆的设计方法。

任务 1　绘制平头十字螺钉

本任务制作如图 9-1 所示的平头十字螺钉，螺钉头部外面为圆柱形，头部立面是六边形拉伸出的孔，螺杆部分通过在圆柱体上创建螺纹来完成。

图 9-1　平头十字螺钉

素材位置	无
效果位置	光盘 \ 效果 \ 项目 9\ 任务 1.prt
视频位置	光盘 \ 视频 \ 项目 9\ 任务 1　绘制平头十字螺钉 .mp4

子任务 1　绘制螺钉基本模型

任 务 描 述

绘制螺钉基本模型时，首先需要新建一个项目文件，然后通过"圆柱""槽"以及"基准平面"等命令来绘制。

操 作 步 骤

STEP 01 进入 UG 工作界面，单击"文件"｜"新建"命令，如图 9-2 所示。

STEP 02 执行操作后，弹出"新建"对话框，在其中设置文件名为"任务 1"和保存路径，如图 9-3 所示，单击"确定"按钮，即可新建一个空白模型文件，并设置绘图区的背景为白色。

 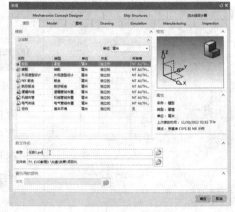

图 9-2　单击"新建"命令　　　　　图 9-3　设置文件名和保存路径

STEP 03 在"主页"选项卡的"特征"选项组中，单击"拉伸"右侧的下拉按钮，在弹出的下拉列表中，单击"圆柱"按钮 ▣，如图 9-4 所示。

STEP 04 弹出"圆柱"对话框，设置"直径"为20、"高度"为7，如图9-5所示。

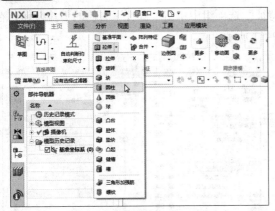

图 9-4 单击"圆柱"按钮　　　　　　　图 9-5 设置"圆柱"参数

STEP 05 执行操作后，单击"确定"按钮，创建一个圆柱体对象，如图9-6所示。

STEP 06 在"主页"选项卡的"特征"选项组中单击"圆柱"按钮，如图9-7所示。

图 9-6 创建一个圆柱体对象　　　　　　图 9-7 单击"圆柱"按钮

STEP 07 弹出"圆柱"对话框，设置"直径"为9、"高度"为13，如图9-8所示。

STEP 08 在绘图区中圆柱体对象上，指定圆心点，如图9-9所示。

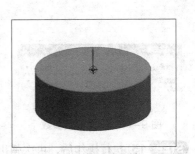

图 9-8 设置相应参数　　　　　　　　图 9-9 指定圆心点

STEP 09 在"圆柱"对话框中，单击"确定"按钮，即可创建圆柱体，如图 9-10 所示。

STEP 10 在"主页"选项卡的"特征"选项组中单击"圆柱"右侧的下拉按钮，在弹出的下拉列表中单击"槽"按钮，如图 9-11 所示。

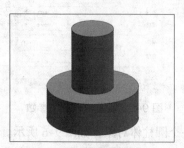

图 9-10 创建圆柱体

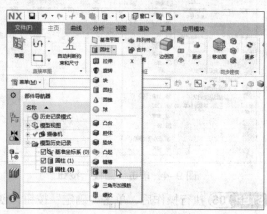

图 9-11 单击"槽"按钮

STEP 11 弹出"槽"对话框，单击"矩形"按钮，如图 9-12 所示。

STEP 12 弹出"矩形槽"对话框，选择大圆柱体的外侧面为矩形槽的放置面，如图 9-13 所示。

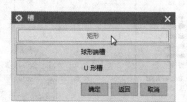

图 9-12 单击"矩形"按钮

图 9-13 选择矩形槽的放置面

STEP 13 执行操作后，再次弹出"矩形槽"对话框，设置"槽直径"为7、"宽度"为3，如图 9-14 所示。

STEP 14 单击"确定"按钮，弹出"定位槽"对话框，在绘图区中，选择大圆柱体最上方的圆弧对象，如图 9-15 所示。

图 9-14 设置相应参数

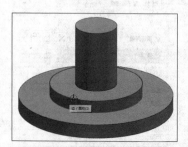

图 9-15 选择上方圆弧对象

STEP 15 执行操作后，再次弹出"定位槽"对话框，然后选择新绘制槽的最上方的圆弧对象，如图 9-16 所示。

STEP 16 执行操作后，弹出"创建表达式"对话框，设置参数为 0，单击"确定"按钮，如图 9-17 所示。

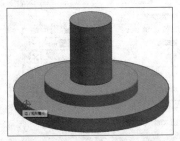

图 9-16 选择最上方的圆弧对象

图 9-17 单击"确定"按钮

STEP 17 弹出"矩形槽"对话框，单击"取消"按钮，如图 9-18 所示。

STEP 18 执行操作后，即可创建槽特征，如图 9-19 所示。

图 9-18 单击"取消"按钮

图 9-19 创建槽特征

STEP 19 在"主页"选项卡的"特征"选项组中，单击"基准平面"按钮 ▱，如图 9-20 所示。

STEP 20 弹出"基准平面"对话框，单击"类型"右侧的下拉按钮，在弹出的"类型"列表框中，选择"XC-ZC 平面"选项，如图 9-21 所示。

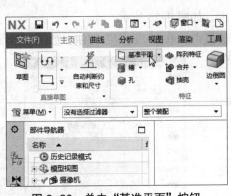

图 9-20 单击"基准平面"按钮

图 9-21 选择"XC-ZC 平面"选项

STEP 21 在绘图区中，调整基准平面的长度，并调整基准平面的旋转位置，如图 9-22 所示。

STEP 22 在"基准平面"对话框中，单击"确定"按钮，如图 9-23 所示。

图 9-22 调整基准平面的旋转位置

图 9-23 单击"确定"按钮

STEP 23 执行操作后，即可创建基准平面，如图 9-24 所示。

STEP 24 在"主页"选项卡的"特征"选项组中单击"基准平面"按钮 ▣，弹出"基准平面"对话框，在"类型"列表框中，选择"YC-ZC 平面"选项，如图 9-25 所示。

图 9-24 创建基准平面

图 9-25 选择"YC-ZC 平面"选项

STEP 25 在绘图区中，调整基准平面的长度，如图 9-26 所示。

STEP 26 执行操作后，在"基准平面"对话框中，单击"确定"按钮，如图 9-27 所示。

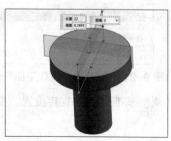

图 9-26 调整基准平面的长度

图 9-27 单击"确定"按钮

STEP 27　执行操作后，即可创建基准平面，如图 9-28 所示。

STEP 28　在"主页"选项卡的"特征"选项组中，单击"拉伸"右侧的下拉按钮，在弹出的下拉列表中单击"键槽"按钮，如图 9-29 所示。

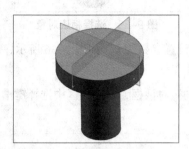

图 9-28　创建基准平面

图 9-29　单击"键槽"按钮

STEP 29　弹出"键槽"对话框，单击"确定"按钮，如图 9-30 所示。

STEP 30　执行操作后，弹出"矩形键槽"对话框，选择大圆柱体的底面为放置面，如图 9-31 所示。

图 9-30　单击"确定"按钮

图 9-31　选择大圆柱体的底面

STEP 31　弹出"矩形键槽"对话框，设置"长度"为 14、"宽度"为 2、"深度"为 3，如图 9-32 所示。

STEP 32　单击"确定"按钮，创建矩形键槽，如图 9-33 所示。

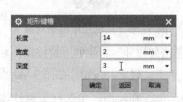

图 9-32　设置相应参数

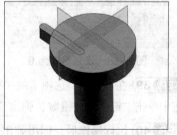

图 9-33　创建矩形键槽

STEP 33　创建矩形键槽的同时，会弹出"定位"对话框，在其中单击"垂直"按钮，如图 9-34 所示。

STEP 34　弹出"垂直的"对话框，在绘图区中选择短中心线和基准平面对象，如图 9-35 所示。

图 9-34 单击"垂直"按钮

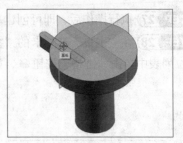

图 9-35 选择相应对象

STEP 35 弹出"创建表达式"对话框，在其中设置参数为 0，如图 9-36 所示，即可设置短中心线和基准平面对象之间的距离。

STEP 36 单击"确定"按钮，再次弹出"垂直的"对话框，在绘图区中选择键槽长和基准平面对象，如图 9-37 所示。

图 9-36 设置参数为 0

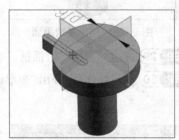

图 9-37 选择相应对象

STEP 37 再次弹出"创建表达式"对话框，在其中设置参数为 0，如图 9-38 所示，即可设置键槽长和基准平面对象之间的距离。

STEP 38 单击"确定"按钮，返回"定位"对话框，单击"确定"按钮，即可定位矩形键槽对象，如图 9-39 所示。

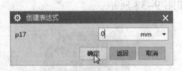

图 9-38 设置参数为 0

图 9-39 定位矩形键槽对象

STEP 39 在"主页"选项卡的"特征"选项组中单击"拉伸"右侧的下拉按钮，在弹出的下拉列表中单击"键槽"按钮 ⚙️，弹出"键槽"对话框，单击"确定"按钮，如图 9-40 所示。

STEP 40 执行操作后，即可弹出"矩形键槽"对话框，在绘图区中选择大圆柱体的底面为放置面，如图 9-41 所示。

STEP 41 执行操作后，即可弹出"水平参考"对话框，在其中选择"基准平面"选项，如图 9-42 所示。

STEP 42 在绘图区中，用户可以选择相应的基准平面为绘图参考对象，如图 9-43 所示。

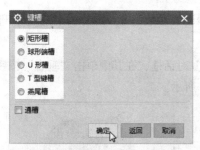

图 9-40　单击"确定"按钮

图 9-41　选择大圆柱体的底面

图 9-42　选择"基准平面"选项

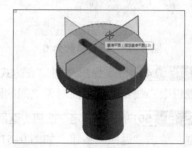

图 9-43　选择相应的基准平面

STEP 43 弹出"矩形键槽"对话框，在其中设置长度、宽度、深度等数值，单击"确定"按钮，如图 9-44 所示。

STEP 44 执行操作后，即可创建矩形键槽，如图 9-45 所示。

图 9-44　单击"确定"按钮

图 9-45　创建矩形键槽

STEP 45 创建矩形键槽的同时，会弹出"定位"对话框，在其中单击"垂直"按钮，如图 9-46 所示。

STEP 46 弹出"垂直的"对话框，在绘图区中选择键槽长和基准平面对象，如图 9-47 所示。

图 9-46　单击"垂直"按钮

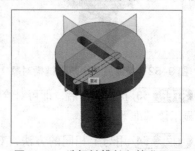

图 9-47　选择键槽长和基准平面

STEP 47 弹出"创建表达式"对话框，在其中设置参数为 0，如图 9-48 所示，即可设置键槽长和基准平面对象之间的距离。

STEP 48 单击"确定"按钮，再次弹出"定位"对话框，在其中单击"垂直"按钮⟨ᐳ，在绘图区中选择短中心线和基准平面对象，如图 9-49 所示。

图 9-48　设置参数为 0

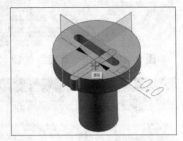

图 9-49　选择短中心线和基准平面

STEP 49 再次弹出"创建表达式"对话框，在其中设置参数为 0，如图 9-50 所示，即可设置短中心线和基准平面对象之间的距离。

STEP 50 单击"确定"按钮，返回"定位"对话框，单击"确定"按钮，返回"矩形键槽"对话框，单击"返回"按钮，如图 9-51 所示。

图 9-50　设置参数为 0

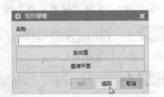

图 9-51　单击"返回"按钮

STEP 51 执行操作后，即可在绘图区中创建另一个矩形键槽对象，如图 9-52 所示，完成两个键槽对象的绘制操作。

STEP 52 在绘图区中的基准平面对象上，右击，在弹出的快捷菜单中选择"隐藏"选项，如图 9-53 所示。

图 9-52　创建另一个矩形键槽对象

图 9-53　选择"隐藏"选项

STEP 53 执行操作后，即可对绘图区中的基准平面对象进行隐藏操作，如图 9-54 所示，不再显示该基准平面对象。

STEP 54 用与上相同的方法，对另一个基准平面对象进行隐藏操作，效果如图 9-55 所示。

图 9-54   隐藏第 1 个基准平面

图 9-55   隐藏第 2 个基准平面

子任务 2   绘制螺钉螺纹效果

任 务 描 述

在 UG NX10.0 中绘制零件时，可以通过"螺纹"命令创建螺钉的螺纹效果，将螺纹添加到实体的圆柱面，然后通过"渲染模式"选项组中的"真实着色"命令，对螺钉零件进行着色与渲染处理。

操 作 步 骤

STEP 01 在"主页"选项卡的"特征"选项组中，单击"拉伸"右侧的下拉按钮，在弹出的下拉列表中，单击"螺纹"按钮 ，如图 9-56 所示。

STEP 02 弹出"螺纹"对话框，在"螺纹类型"选项组中，选中"详细"单选按钮，如图 9-57 所示。

图 9-56   单击"螺纹"按钮

图 9-57   选中"详细"单选按钮

操作技巧 👉

"符号"螺纹类型与"详细"螺纹类型的区别在于：前者只是在所选圆柱面上创建虚线圆，而不创建真实的螺纹；后者则会在圆柱面上创建真实的螺纹。

STEP 03 执行操作后，在绘图区中，选择小圆柱体的外侧面对象，如图 9-58 所示。

STEP 04 在"螺纹"对话框中，单击"确定"按钮，如图 9-59 所示。

STEP 05 执行操作后，即可创建螺纹特征，如图 9-60 所示。

STEP 06 在绘图区中，选择所有模型对象，如图 9-61 所示。

图 9-58　选择小圆柱体的外侧面

图 9-59　单击"确定"按钮

图 9-60　创建螺纹特征

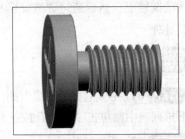

图 9-61　选择所有模型对象

STEP 07 在"视图"选项卡的"样式"选项组中，单击"着色"按钮 🧊，如图 9-62 所示。

STEP 08 再次选择所有模型对象，在功能区"渲染"选项卡的"渲染模式"选项组中，单击"真实着色"按钮 🔘，如图 9-63 所示。

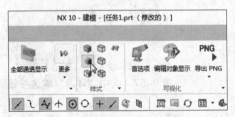

图 9-62　单击"着色"按钮

图 9-63　单击"真实着色"按钮

STEP 09 执行操作后，即可以真实着色模式显示模型，如图 9-64 所示。

STEP 10 在"真实着色设置"选项组中，单击"对象材料"下拉按钮，在弹出的面板中单击"拉丝铝"按钮 🔴，如图 9-65 所示。

STEP 11 执行操作后，即可完成螺钉的渲染，如图 9-66 所示。

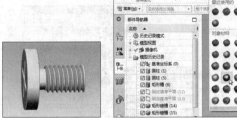

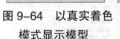

图 9-64 以真实着色	图 9-65 单击"拉丝铝"按钮	图 9-66 完成螺钉的渲染
模式显示模型		

任务 2   绘制梯形牙丝杆

本任务制作如图 9-67 所示的梯形牙丝杆，梯形牙丝杆是通过草图、回转体、布尔操作、螺纹即拉伸等命令来完成的。

图 9-67   梯形牙丝杆

素材位置	无
效果位置	光盘 \ 效果 \ 项目 9\ 任务 2.prt
视频位置	光盘 \ 视频 \ 项目 9\ 任务 2 绘制梯形牙丝杆 .mp4

子任务 1   绘制牙丝杆基本模型

任 务 描 述

本任务主要学习通过"草图""直线""旋转""拉伸"以及"阵列特征"等命令，创建梯形牙丝杆的基本模型。

操 作 步 骤

STEP 01 进入 UG 工作界面，单击"文件"菜单，在弹出的菜单列表中单击"新建"命令，如图 9-68 所示。

STEP 02 执行操作后，弹出"新建"对话框，在其中用户可根据需要设置文件名为"任务 2"和保存路径，如图 9-69 所示。

STEP 03 单击"确定"按钮，新建一个空白的模型文件，在边框条中单击"菜单"|"插

入"｜"草图"命令，如图 9-70 所示。

STEP 04 进入草图环境，并弹出"创建草图"对话框，如图 9-71 所示。

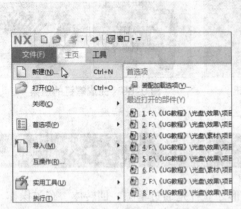

图 9-68 单击"新建"命令

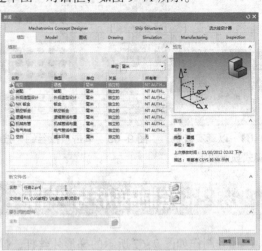

图 9-69 设置文件名和保存路径

图 9-70 单击"草图"命令

图 9-71 弹出"创建草图"对话框

STEP 05 单击"现有平面"右侧的下拉按钮，在弹出的列表框中选择"创建平面"选项，如图 9-72 所示。

STEP 06 单击"自由判断"右侧的下拉按钮，在弹出的列表框中选择"XC-YC 平面"选项，如图 9-73 所示。

STEP 07 单击"确定"按钮，创建基准平面，单击"直接草图"工具栏中"直线"按钮，如图 9-74 所示。

STEP 08 在绘图区中，绘制相应草图曲线，如图 9-75 所示。

STEP 09 单击"草图"工具栏中的"完成草图"按钮，完成草图绘制并退出草图环境，隐藏基准平面对象，效果如图 9-76 所示。

图 9-72　选择"创建平面"选项

图 9-73　选择"XC-YC 平面"选项

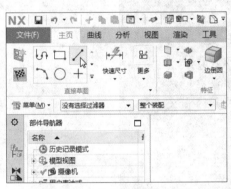

图 9-74　单击"直线"按钮

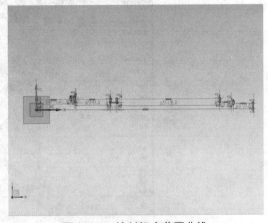

图 9-75　绘制相应草图曲线

STEP 10 在"主页"选项卡的"特征"选项组中单击"拉伸"右侧的下拉按钮,在弹出的面板中单击"旋转"按钮 ⏺,如图 9-77 所示。

STEP 11 弹出"旋转"对话框,在绘图区中,选择所有曲线为旋转对象,效果如图 9-78 所示。

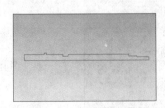

图 9-76　完成草图绘制

图 9-77　单击"旋转"按钮

STEP 12 在"指定矢量"右侧选项区中设置矢量方向为 XC 轴,单击"点对话框"按钮,如图 9-79 所示。

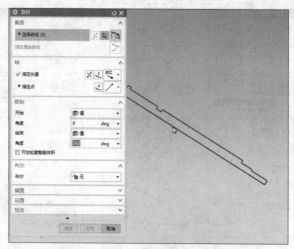

图 9-78 选择所有曲线为旋转对象

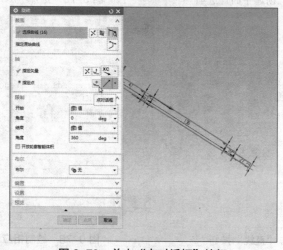

图 9-79 单击"点对话框"按钮

STEP 13 弹出"点"对话框，设置合适的点为对象的旋转点，如图 9-80 所示。

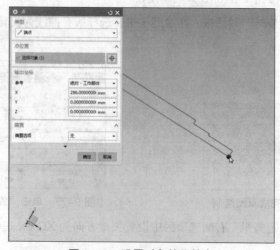

图 9-80 设置对象的旋转点

STEP 14 依次单击"确定"按钮，即可创建旋转体特征，效果如图 9-81 所示。

STEP 15 重复执行上述操作方法，在上边框条中单击"菜单"｜"插入"｜"草图"命令，如图 9-82 所示。

图 9-81　创建旋转体特征

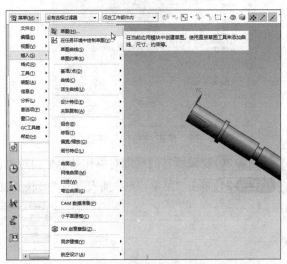

图 9-82　"草图"命令

STEP 16 弹出"创建草图"对话框，单击"指定平面"右侧的下拉按钮，在弹出的列表框中单击"XC-YC 平面"按钮，如图 9-83 所示。

STEP 17 单击"确定"按钮，使用"直接草图"工具栏中的相应的按钮，绘制相应的草图，效果如图 9-84 所示。

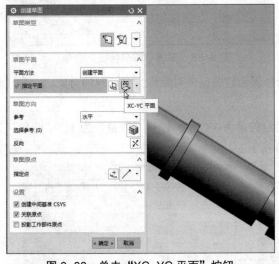

图 9-83　单击"XC-YC 平面"按钮

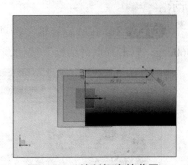

图 9-84　绘制相应的草图

STEP 18 单击"完成草图"按钮，退出绘图环境，单击"特征"工具栏中的"拉伸"下拉按钮，如图 9-85 所示。

STEP 19 弹出"拉伸"对话框，设置两个"距离"参数分别为 -15mm 和 15mm，以 YC 轴为拉伸方向，单击"确定"按钮，即可创建拉伸特征，效果如图 9-86 所示。

图 9-85　单击"拉伸"按钮

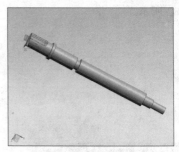

图 9-86　创建拉伸实体

STEP 20 隐藏所有的草图对象和基准平面对象，效果如图 9-87 所示。

STEP 21 单击"菜单"丨"插入"丨"关联复制"丨"阵列特征"命令，如图 9-88 所示。

图 9-87　隐藏对象

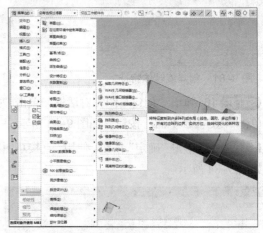

图 9-88　单击"阵列特征"命令

STEP 22 弹出"阵列特征"对话框，选择新创建的拉伸对象作为要阵列的对象，如图 9-89 所示。

STEP 23 在"旋转轴"选项区中，指定矢量为 XC 轴，设置"数量"为 4、"跨角"为 360deg，单击"点对话框"按钮，如图 9-90 所示。

图 9-89　选择对象

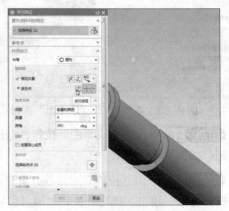

图 9-90　单击"点对话框"按钮

STEP 24 弹出"点"对话框，在绘图区中，指定原点为旋转的基点，单击"确定"按钮，如图 9-91 所示。

STEP 25 返回"阵列特征"对话框，单击"确定"按钮，即可创建圆形阵列特征，效果如图 9-92 所示。

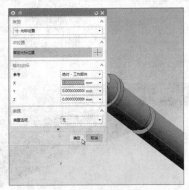

图 9-91　单击"确定"按钮

图 9-92　圆形阵列特征

子任务 2　完善模型并着色处理

任 务 描 述

本任务主要学习通过"原点""旋转""螺纹""边倒圆"以及"真实着色"等命令，完善梯形牙丝杆模型并对模型进行着色处理操作。

操 作 步 骤

STEP 01 单击"菜单"|"格式"|"WCS"|"原点"命令，如图 9-93 所示。

STEP 02 弹出"点"对话框，单击圆弧的圆心点，如图 9-94 所示，执行操作后，单击"确定"按钮，即可将坐标移动到该位置。

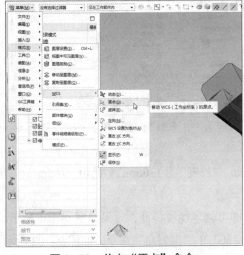

图 9-93　单击"原点"命令

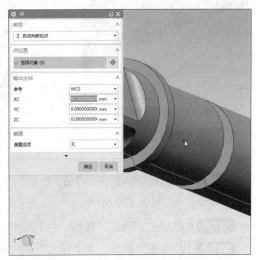

图 9-94　单击圆心点

STEP 03 单击"菜单"｜"格式"｜"WCS"｜"旋转"命令，如图 9-95 所示。

STEP 04 弹出"旋转 WCS 绕"对话框，设置各项参数，如图 9-96 所示。

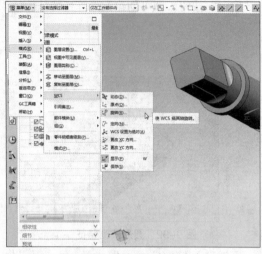

图 9-95 单击"旋转"命令　　　　　　　　图 9-96 设置参数

STEP 05 单击"确定"按钮，即可旋转坐标系，效果如图 9-97 所示。

STEP 06 单击"菜单"｜"插入"｜"设计特征"｜"螺纹"命令，如图 9-98 所示。

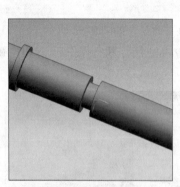

图 9-97 旋转坐标系

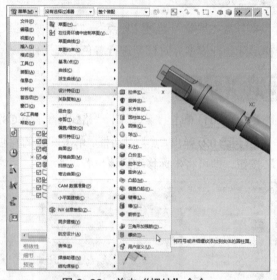

图 9-98 单击"螺纹"命令

STEP 07 弹出"螺纹"对话框，在"螺纹类型"选项组中选中"详细"单选按钮，如图 9-99 所示。

STEP 08 选择合适的面，设置"小径"为 23mm、"长度"为 136mm、"螺距"为 5mm、"角度"为 60deg，如图 9-100 所示。

STEP 09 单击"确定"按钮，执行操作后，即可创建螺纹特征，效果如图 9-101 所示。

STEP 10 单击"菜单"｜"插入"｜"细节特征"｜"倒斜角"命令，如图 9-102 所示。

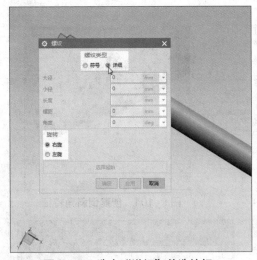

图 9-99　选中"详细"单选按钮

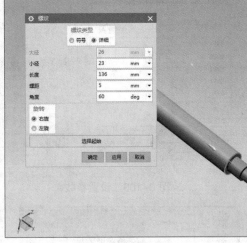

图 9-100　设置参数

图 9-101　创建螺纹特征

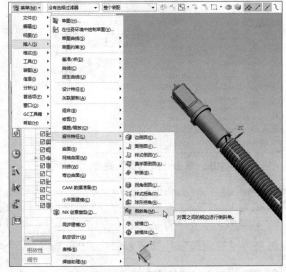

图 9-102　单击"倒斜角"按钮

操作技巧 👉

　　除了运用上述方法可以创建倒斜角特征外，还可以通过单击"主页"选项卡中"特征"选项组中的"倒斜角"按钮 来创建。

　　STEP 11 弹出"倒斜角"对话框，选择模型一端的边为倒角对象，设置"距离 1"为1mm、"距离 2"为 2mm，如图 9-103 所示。

　　STEP 12 执行操作后，单击"确定"按钮，即可创建倒斜角特征，效果如图 9-104所示。

　　STEP 13 单击"菜单"｜"插入"｜"细节特征"｜"边倒圆"命令，如图 9-105 所示。

　　STEP 14 弹出"边倒圆"对话框，选择模型另一端的圆柱边为边倒圆对象，设置"半径 1"为 5mm，如图 9-106 所示。

图 9-103　设置参数

图 9-104　创建倒斜角特征

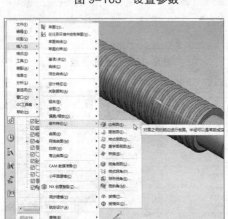

图 9-105　单击"边倒圆"命令

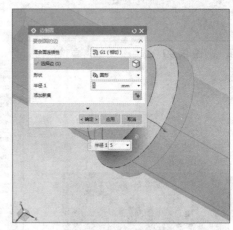

图 9-106　设置参数

操作技巧 👉

除了运用上述方法可以创建边倒圆特征外，还可以通过单击"主页"选项卡中"特征"选项组中的"边倒圆"按钮 🔘 来创建。

STEP 15 单击"确定"按钮，即可创建边倒圆特征，效果如图 9-107 所示。

STEP 16 执行操作后，选择合适的对象，右击，选择隐藏选项，隐藏所有的基准平面对象和草图对象，效果如图 9-108 所示。

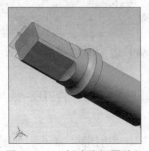

图 9-107　创建边倒圆特征

图 9-108　隐藏对象

STEP 17 选择所有模型对象，在"渲染"选项卡的"渲染模式"选项组中单击"真实着色"按钮 🔘，执行操作后，即可以真实着色模式显示模型，如图 9-109 所示。

STEP 18 选择所有的模型对象，在"真实着色设置"选项组中单击"对象材料"下拉按钮，在弹出的面板中单击"拉丝铝"按钮，如图 9-110 所示。

图 9-109 以真实着色模式显示

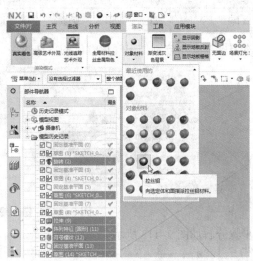

图 9-110 单击"拉丝铝"按钮

操作技巧 👉

除了运用上述方法可以着色处理模型特征外，还可以单击"菜单"|"视图"|"可视化"|"注释着色"按钮，对模型进行着色处理。

STEP 19 执行操作后，即可完成梯形牙丝杆的渲染，如图 9-111 所示。

图 9-111 渲染梯形牙丝杆

项 目 小 结

本项目主要学习了两种标准零件的具体绘制技巧，主要包括绘制平头十字螺钉和梯形牙丝杆模型，首先绘制模型的草图，然后运用一系列的拉伸与处理命令，创建模型的实体特征效果，最后对模型进行着色与渲染处理。

课 后 习 题

鉴于本项目知识的重要性，为帮助用户更好地掌握所学知识，通过课后习题对本项目内容进行简单的知识回顾。

素材位置	无
效果位置	光盘 \ 效果 \ 项目 9\ 课后习题 .prt
学习目标	通过"草图""圆锥""镜像曲线"等命令，绘制蝶形螺母标准零件。

本习题需要用户制作出蝶形螺母的零件效果，最终效果如图 9-112 所示。

图 9-112　蝶形螺母零件效果

步骤分解如图 9-113 所示。

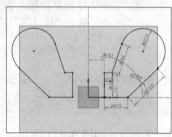
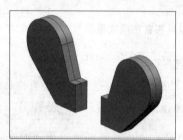

图 9-113　实例步骤分解

项目 **10** 绘制管类零件

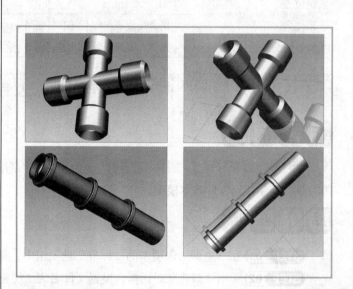

项目导读

在机械设计中，管道类零件中有大量不规则的管路设计以及一些复杂管道的外形设计，常常使设计者感到无从下手。通常情况下，这类零件的建模主要应用圆柱、管道、拉伸和扫掠等操作功能。本项目主要学习十字四通管件、节式直通管件的绘制方法。

任务1　绘制十字四通管件

本任务制作如图 10-1 所示的四通管件，四通管是管类零件的一种，其管径可以相同，也可以是异径。首先新建一个空白的模型文件，然后使用"圆柱"命令创建圆柱体，接着使用"倒斜角"命令为圆柱体倒斜角。创建完倒斜角特征后，使用"镜像特征"命令，镜像圆柱体，最后完善模型颜色，即可完成四通管的制作。

图 10-1　十字四通管件

素材位置	无
效果位置	光盘 \ 效果 \ 项目 10\ 任务 1.prt
视频位置	光盘 \ 视频 \ 项目 10\ 任务 1 绘制十字四通管件 .mp4

子任务1　绘制四通管件基本模型

任务描述

本任务主要学习通过"圆柱""合并""倒斜角""基准平面""基准轴"以及"镜像特征"等命令，绘制四通管件基本模型。

操作步骤

STEP 01 在"主页"选项卡的"标准"选项组中，单击"新建"按钮，如图 10-2 所示。

STEP 02 弹出"新建"对话框，设置文件名为"任务 1"和保存路径，如图 10-3 所示，单击"确定"按钮，即可新建一个空白模型文件。

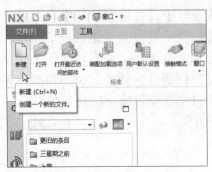

图 10-2　单击"新建"按钮

图 10-3　设置文件名和保存路径

STEP 03 在"主页"选项卡的"特征"选项组中，单击"拉伸"右侧的下拉按钮，在弹出的下拉列表中，单击"圆柱"按钮 ，如图 10-4 所示。

STEP 04 执行操作后，弹出"圆柱"对话框，以 ZC 轴为轴向，单击"点对话框"按钮，如图 10-5 所示。

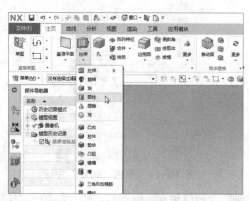

图 10-4 单击"圆柱"按钮

图 10-5 单击"点对话框"按钮

STEP 05 弹出"点"对话框，在其中设置以原点为中心，如图 10-6 所示。

STEP 06 在"尺寸"对话框中设置"直径"为 13、"高度"为 11，如图 10-7 所示。

图 10-6 设置以原点为中心

图 10-7 设置相应参数

STEP 07 在对话框中，单击"确定"按钮，即可创建圆柱，如图 10-8 所示。

STEP 08 在"主页"选项卡的"特征"选项组中单击"拉伸"右侧的下拉按钮，在弹出的下拉列表中，单击"圆柱"按钮 ，如图 10-9 所示。

图 10-8 创建圆柱

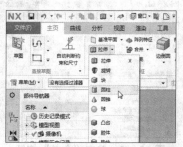

图 10-9 单击"圆柱"按钮

STEP 09 弹出"圆柱"对话框，单击"点对话框"按钮 ，如图 10-10 所示。

STEP 10 弹出"点"对话框，在其中设置 XC、YC、ZC 分别为 0、0、11，单击"确定"按钮，如图 10-11 所示。

图 10-10　单击"点对话框"按钮

图 10-11　单击"确定"按钮

STEP 11 返回到"圆柱"对话框，以"ZC 轴"为圆柱轴向，设置"直径"为 10、"高度"为 12，如图 10-12 所示，单击"确定"按钮。

STEP 12 执行操作后，即可创建圆柱，如图 10-13 所示。

图 10-12　设置相应参数

图 10-13　创建圆柱

STEP 13 在"主页"选项卡的"特征"选项组中，单击"合并"按钮 ，如图 10-14 所示。

STEP 14 弹出"合并"对话框，选择下方的圆柱体为目标对象，如图 10-15 所示。

图 10-14　单击"合并"按钮

图 10-15　选择下方的圆柱体

STEP 15 在绘图区中，选择上方的圆柱体为工具对象，如图 10-16 所示。

STEP 16 在"合并"对话框中，单击"确定"按钮，如图 10-17 所示。

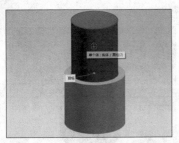

图 10-16　选择上方的圆柱体

图 10-17　单击"确定"按钮

STEP 17 执行操作后，即可创建合并特征，如图 10-18 所示。

STEP 18 在"主页"选项卡的"特征"选项组中，单击"倒斜角"按钮，如图 10-19 所示。

图 10-18　创建合并特征

图 10-19　单击"倒斜角"按钮

操作技巧 👉

　　合并特征操作是指将两个或两个以上单独的实体合并为一个独立的实体。在进行求和操作时，目标体与工具体必须是相交的对象才能够进行求和操作。

STEP 19 弹出"倒斜角"对话框，在其中设置"横截面"为"对称"、"距离"为 1.5，如图 10-20 所示。

STEP 20 在绘图区中，选择大圆柱体的上边缘和下边缘对象，如图 10-21 所示。

图 10-20　设置相应参数

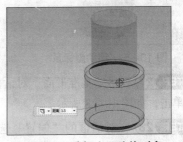

图 10-21　选择上下边缘对象

STEP 21 在"倒斜角"对话框中，单击"确定"按钮，如图 10-22 所示。

STEP 22 执行操作后，即可创建倒斜角特征，如图 10-23 所示。

图 10-22　单击"确定"按钮

图 10-23　创建倒斜角特征

STEP 23 单击"菜单"|"格式"|WCS|"显示"命令，如图 10-24 所示。

STEP 24 执行操作后，即可在绘图区中显示坐标系，如图 10-25 所示。

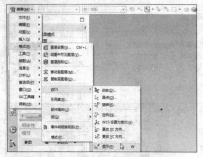

图 10-24　单击"显示"命令

图 10-25　显示坐标系

STEP 25 在绘图区中的坐标系上，双击，将其移至小圆柱体表面的中心点处，单击，移动坐标系，如图 10-26 所示。

STEP 26 在"主页"选项卡的"特征"选项组中，单击"基准平面"按钮 ，如图 10-27 所示。

图 10-26　移动坐标系

图 10-27　单击"基准平面"按钮

STEP 27 弹出"基准平面"对话框，设置"类型"为"自动判断"，在绘图区中合适的表面上单击，如图 10-28 所示。

STEP 28 在对话框的"偏置"选项区中，设置"距离"为 0，单击"确定"按钮，如图 10-29 所示。

图 10-28　在表面上单击

图 10-29　单击"确定"按钮

STEP 29 执行操作后，即可创建基准平面，如图 10-30 所示。

STEP 30 在绘图区中，适当调整基准平面的大小，如图 10-31 所示。

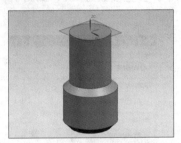

图 10-30　创建基准平面

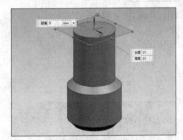

图 10-31　适当调整基准平面的大小

STEP 31 在"主页"选项卡的"特征"选项组中，单击"基准平面"右侧的下拉按钮，在弹出的列表框中，单击"基准轴"按钮 ↑，如图 10-32 所示。

STEP 32 弹出"基准轴"对话框，单击"自动判断"右侧的下拉按钮，在弹出的列表框中选择"YC 轴"选项，如图 10-33 所示。

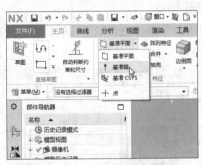

图 10-32　单击"基准轴"按钮

图 10-33　选择"YC 轴"选项

STEP 33 执行操作后，单击"确定"按钮，即可创建基准轴，在绘图区中隐藏坐标系，效果如图 10-34 所示。

STEP 34 在"主页"选项卡的"特征"选项组中单击"基准平面"按钮 ，弹出"基准平面"对话框，单击"自动判断"右侧的下拉按钮，在弹出的列表框中选择"成 角度"选项，如图 10-35 所示。

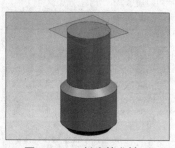

图 10-34　创建基准轴

图 10-35　选择"成一角度"选项

STEP 35 在绘图区中选择前面创建的平面基准对象作为平面参考，选择刚创建的轴，如图 10-36 所示。

STEP 36 在"基准平面"对话框的"角度"选项组中，设置参数为 135，如图 10-37 所示，单击"确定"按钮。

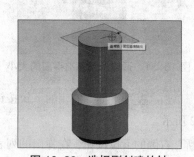

图 10-36　选择刚创建的轴

图 10-37　设置参数为 135

STEP 37 执行操作后，即可创建基准平面，如图 10-38 所示。

STEP 38 在"主页"选项卡的"特征"选项组中，单击"更多"下拉按钮，在弹出的面板中单击"镜像特征"按钮 ，如图 10-39 所示。

图 10-38　创建基准平面

图 10-39　单击"镜像特征"按钮

STEP 39 弹出"镜像特征"对话框，在绘图区中选择需要阵列的对象，如图 10-40 所示。

STEP 40 在"镜像平面"选项组中，单击"选择平面"按钮 ，如图 10-41 所示。

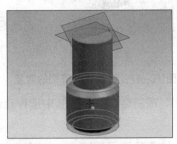

图 10-40　选择需要阵列的对象

图 10-41　单击"选择平面"按钮

STEP 41 在绘图区中，选择合适的基准平面，如图 10-42 所示。

STEP 42 执行操作后，单击"确定"按钮，即可创建镜像特征，如图 10-43 所示。

图 10-42　选择合适的基准平面

图 10-43　创建镜像特征

STEP 43 在"主页"选项卡的"特征"选项组中单击"更多"下拉按钮，在弹出的面板中单击"镜像特征"按钮 ，弹出"镜像特征"对话框，在绘图区中选择需要阵列的对象，如图 10-44 所示。

STEP 44 在"镜像平面"选项组中，单击"选择平面"按钮 ，在绘图区中选择合适的基准平面，如图 10-45 所示。

图 10-44　选择需要阵列的对象

图 10-45　选择合适的基准平面

STEP 45 执行操作后，单击"确定"按钮，即可创建镜像特征，如图 10-46 所示。

STEP 46 在"主页"选项卡的"特征"选项组中单击"更多"下拉按钮，在弹出的面板中单击"镜像特征"按钮 ，弹出"镜像特征"对话框，在绘图区中选择需要阵列的对象，如图 10-47 所示。

图 10-46　创建镜像特征

图 10-47　选择需要阵列的对象

STEP 47 在"镜像平面"选项组中，单击"选择平面"按钮 ▢，在绘图区中选择合适的基准平面，如图 10-48 所示。

STEP 48 执行操作后，单击"确定"按钮，即可创建镜像特征，如图 10-49 所示。

图 10-48　选择合适的基准平面

图 10-49　创建镜像特征

STEP 49 在绘图区中，隐藏基准平面和基准轴，效果如图 10-50 所示。

STEP 50 在"主页"选项卡的"特征"选项组中单击"合并"按钮 ▧，弹出"合并"对话框，选择右侧的圆柱体为目标对象，如图 10-51 所示。

图 10-50　隐藏基准平面和基准轴

图 10-51　选择右侧的圆柱体

STEP 51 在绘图区中，选择其余的圆柱体为工具对象，如图 10-52 所示。

STEP 52 在对话框中，单击"确定"按钮，执行操作后，即可创建合并特征，如图 10-53 所示。

图 10-52　选择其余的圆柱体

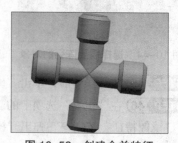

图 10-53　创建合并特征

子任务 2 完善四通管件并着色处理

任务描述

本任务主要学习通过"孔""倒斜角""着色"以及"拉丝铝"等命令，完善四通管件模型，并对管件进行着色处理。

操作步骤

STEP 01 在"主页"选项卡的"特征"选项组中，单击"孔"按钮 🔩，如图 10-54 所示。

STEP 02 弹出"孔"对话框，设置孔的类型为"常规孔"，如图 10-55 所示。

图 10-54 单击"孔"按钮

图 10-55 设置孔的类型

STEP 03 在绘图区中的右端面的圆心上单击，确定孔的放置位置，如图 10-56 所示。

STEP 04 在对话框中，设置"直径"为 5、"深度"为 50，如图 10-57 所示。

图 10-56 确定孔的放置位置

图 10-57 设置相关参数

STEP 05 单击"确定"按钮，即可创建孔特征，如图 10-58 所示。

STEP 06 用与上同样的方法，创建孔特征，如图 10-59 所示。

图 10-58　创建孔特征 1

图 10-59　创建孔特征 2

STEP 07 在"主页"选项卡的"特征"选项组中，单击"倒斜角"按钮🔖，如图 10-60 所示。

STEP 08 弹出"倒斜角"对话框，单击"横截面"右侧的下拉按钮，在弹出的列表框中，选择"非对称"选项，设置"距离 1"为 2.5、"距离 2"为 3，如图 10-61 所示。

图 10-60　单击"倒斜角"按钮

图 10-61　设置相应参数

STEP 09 在绘图区中，选择端面上的孔的圆边对象，如图 10-62 所示。

STEP 10 在对话框中单击"确定"按钮，即可倒斜角对象，如图 10-63 所示。

图 10-62　选择端面上的孔的圆边对象

图 10-63　倒斜角对象

STEP 11 用与上同样的方法，创建其他的倒斜角特征，如图 10-64 所示。

图 10-64　创建其他的倒斜角特征

STEP 12 选择所有模型对象，在功能区"视图"选项卡的"样式"选项组中单击"着色"按钮💿，如图 10-65 所示。

STEP 13 执行操作后，着色显示模型，如图 10-66 所示。

图 10-65　单击"着色"按钮

图 10-66　着色显示模型

STEP 14 选择所有模型对象，在功能区"渲染"选项卡的"渲染模式"选项组中，单击"真实着色"按钮 ，如图 10-67 所示。

STEP 15 执行操作后，即可以真实着色模式显示模型，如图 10-68 所示。

图 10-67　单击"真实着色"按钮

图 10-68　以真实着色模式显示模型

STEP 16 在"真实着色设置"选项组中，单击"对象材料"下拉按钮，在弹出的面板中单击"拉丝铝"按钮 ，如图 10-69 所示。

图 10-69　单击"拉丝铝"按钮

STEP 17 执行操作后，即可完成十字四通管件的渲染，效果如图 10-70 所示。

图 10-70　完成十字四通管件的渲染

任务 2　绘制节式直通管件

本任务制作如图 10-71 所示的节式直通管件，节式直通管件是通过绘制草图、倒圆角对象、直线、旋转实体、抽壳实体特征等命令来完成的。

图 10-71　节式直通管件

素材位置	无
效果位置	光盘 \ 效果 \ 项目 10\ 任务 2.prt
视频位置	光盘 \ 视频 \ 项目 10\ 任务 2　绘制节式直通管件 .mp4

子任务 1　绘制直通管件基本模型

任 务 描 述

本任务首先学习通过"直线""圆角"等命令绘制直通管件的草图效果，然后学习通过"旋转"命令对绘制的草图进行三维旋转处理，完成直通管件基本模型的绘制。

操 作 步 骤

STEP 01 单击"文件" | "新建"命令，弹出"新建"对话框，设置文件名和保存路径，如图 10-72 所示。

STEP 02 单击"确定"按钮，新建一个空白的模型文件，单击"菜单" | "插入" | "草图"命令，进入草图环境，并弹出"创建草图"对话框，如图 10-73 所示。

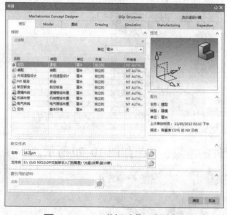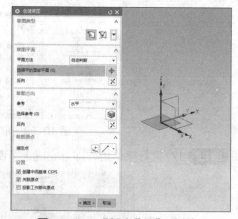

图 10-72　"新建"对话框　　　　　图 10-73　"创建草图"对话框

STEP 03 单击"现有平面"右侧的下拉按钮，在弹出的列表框中选择"创建平面"选项，如图 10-74 所示。

STEP 04 单击"指定平面"右侧的下拉按钮，在弹出的列表框中单击"XC-YC平面"按钮，如图 10-75 所示。

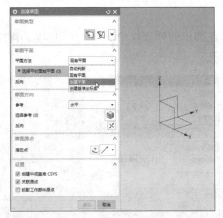

图 10-74 选择"创建平面"选项

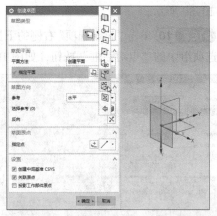

图 10-75 单击"XC-YC 平面"选项

STEP 05 单击"确定"按钮；在"主页"选项卡中单击"直接草图"工具栏中的"直线"按钮，绘制相应的草图对象，效果如图 10-76 所示。

STEP 06 在"主页"选项卡的"直接草图"选项组中，单击"圆角"按钮，如图 10-77 所示。

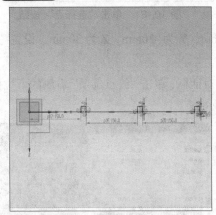

图 10-76 绘制草图对象

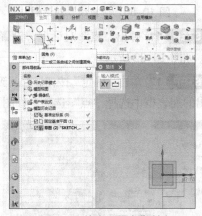

图 10-77 单击"圆角"按钮

STEP 07 设置输入框中的值为 2，单击所有竖直直线与水平线的交点如图 10-78 所示。

STEP 08 执行操作后，单击"完成草图"按钮，即可对图形进行圆角操作，效果如图 10-79 所示。

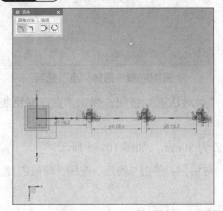

图 10-78 单击交点

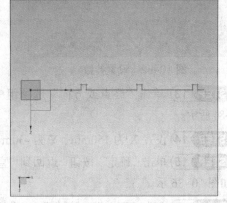

图 10-79 圆角操作

STEP 09 单击"菜单"｜"插入"｜"曲线"｜"直线"命令，弹出"直线"对话框，如图 10-80 所示。

STEP 10 单击"起点选项"右侧的下拉按钮，在弹出的列表框中选择"点"选项，单击"起点"选项组中的"点对话框"按钮，如图 10-81 所示。

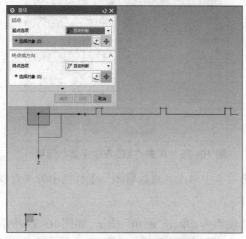

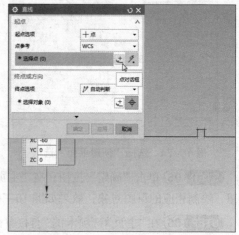

图 10-80　"直线"对话框　　　　　图 10-81　单击"选择点"按钮

STEP 11 弹出"点"对话框，设置 X 为 50mm、Y 为 -30mm、Z 为 30mm，设置"点"参数，如图 10-82 所示。

STEP 12 单击"确定"按钮，返回到"直线"对话框，单击"终点选项"右侧的下拉按钮，在弹出的列表框中选择"点"选项，如图 10-83 所示。

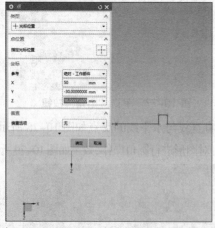

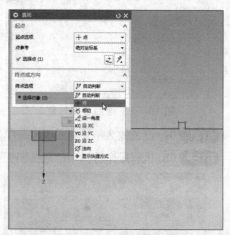

图 10-82　设置参数　　　　　　　图 10-83　选择"点"选项

STEP 13 单击"终点或方向"选项组中的"点对话框"按钮，弹出"点"对话框，如图 10-84 所示。

STEP 14 设置 X 为 150mm、Y 为 -30mm、Z 为 30mm，如图 10-85 所示。

STEP 15 单击"确定"按钮，返回到"直线"对话框，单击"确定"按钮，即可创建直线，效果如图 10-86 示。

STEP 16 单击"菜单"｜"插入"｜"设计特征"｜"旋转"命令，如图 10-87 所示。

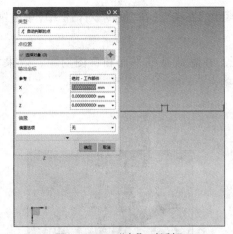

图 10-84　"点"对话框

图 10-85　设置参数

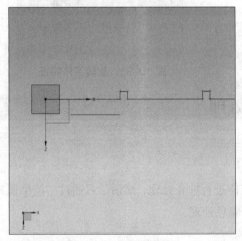

图 10-86　创建直线

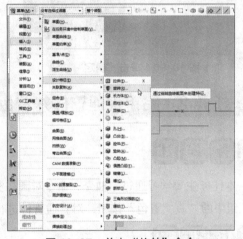

图 10-87　单击"旋转"命令

STEP 17 弹出"旋转"对话框，选择在草图中绘制的曲线，如图 10-88 所示。

STEP 18 单击"指定矢量"右侧的下拉按钮，在弹出的下拉列表中选择"XC 轴"选项，如图 10-89 所示。

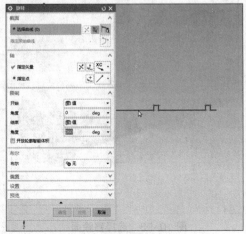

图 10-88　选择曲线

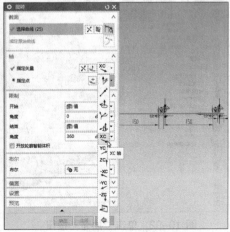

图 10-89　选择"XC 轴"选项

STEP 19 单击"指定点"选项，单击新绘制的直线的左端点，在"旋转"对话框中，单击"确定"按钮，如图 10-90 所示。

STEP 20 执行操作后，即可旋转实体特征，并隐藏基准平面和草图对象，效果如图 10-91 所示。

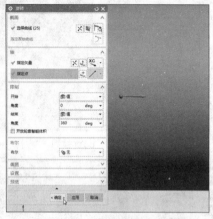

图 10-90　单击"确定"按钮

图 10-91　旋转实体特征

子任务 2　完善直通管件并着色处理

任务描述

本任务主要学习通过"抽壳"命令对圆柱实体进行抽壳处理，然后学习通过"渲染模式"选项组中的"真实着色"按钮，对直通管件进行着色处理。

操作步骤

STEP 01 在"主页"选项卡的"特征"选项组中单击"抽壳"按钮，如图 10-92 所示。

STEP 02 弹出"抽壳"对话框，选择实体两端的侧面圆作为移除面，如图 10-93 所示。

图 10-92　单击"抽壳"按钮

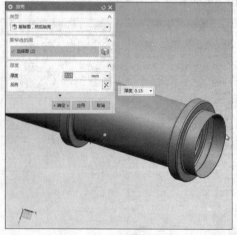

图 10-93　选择移除面

STEP 03 设置"厚度"为 5mm，单击"确定"按钮，如图 10-94 所示。

STEP 04 执行操作后，即可抽壳实体特征，效果如图 10-95 所示。

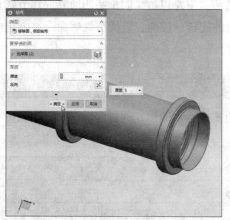

图 10-94　单击"确定"按钮　　　　　　　　　　图 10-95　抽壳实体特征

操作技巧 👉

　　除了运用上述方法可以创建抽壳特征外，还可以通过单击"菜单"|"插入"|"偏置/缩放"|"抽壳"命令来创建。

STEP 05 选择所有模型对象，在功能区"渲染"选项卡的"渲染模式"选项组中单击"真实着色"按钮 ⬤，如图 10-96 所示。

STEP 06 执行操作后，即可以真实着色模式显示模型，效果如图 10-97 所示。

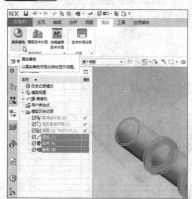

图 10-96　单击"真实着色"按钮　　　　　　　　图 10-97　真实着色模式显示模型

STEP 07 选中所有的模型对象，在"真实着色设置"选项组中单击"对象材料"下拉按钮，在弹出的面板中单击"钢"按钮 ⬤，执行操作后，即可完成节式直通管件的渲染，如图 10-98 所示。

图 10-98　渲染节式直通管件

项 目 小 结

本项目主要学习了两种管类零件的具体绘制技巧，主要包括绘制十字四通管件和节式直通管件模型，首先绘制模型的草图，然后运用一系列的旋转、拉伸、镜像与处理命令，创建模型的实体特征效果，最后对模型进行着色与渲染处理。

课 后 习 题

鉴于本项目知识的重要性，为帮助用户更好地掌握所学知识，通过课后习题对本项目内容进行简单的知识回顾。

素材位置	无
效果位置	光盘 \ 效果 \ 项目 10\ 课后习题 .prt
学习目标	通过"草图""拉伸""孔"等命令，绘制三通管件零件效果。

本习题需要用户制作出三通管件零件效果，最终效果如图 10-99 所示。

图 10-99　三通管件零件效果

步骤分解如图 10-100 所示。

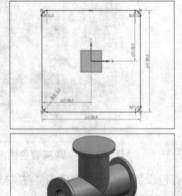

图 10-100　实例步骤分解

项目 **11** 绘制机械零件

项目导读

　　机械零件是构成机械的基本元件，机械零件（machine element）又称机械元件（machine part），是组成机械和机器的不可分拆的单个制件，它是机械的基本单元。本项目主要学习绘制机械零件的操作方法，主要包括绘制车轮圆形护盖和平口钳底座等零件。

任务 1 绘制车轮圆形护盖

本任务制作如图 11-1 所示的车轮圆形护盖，车轮圆形护盖是车轮中心安装车轴的部位，是连接制动鼓（制动盘）、轮盘和半轴的重要零部件。圆形护盖主要通过"圆柱体""圆锥"命令创建圆形护盖的轮廓，接着使用"抽壳"命令为模型进行抽壳，再使用"孔""拉伸""阵列特征"命令，完善圆形护盖，最后完善模型颜色，即可完成车轮圆形护盖的制作。

图 11-1 车轮圆形护盖

素材位置	无
效果位置	光盘 \ 效果 \ 项目 11\ 任务 1.prt
视频位置	光盘 \ 视频 \ 项目 11\ 任务 1 绘制车轮圆形护盖 .mp4

子任务 1 绘制圆形护盖基本模型

任 务 描 述

本任务主要学习通过"圆柱""圆锥""合并""边倒圆""抽壳"以及"孔"命令，绘制圆形护盖基本模型。

操 作 步 骤

STEP 01 在"主页"选项卡的"标准"选项组中，单击"新建"按钮，如图 11-2 所示。

STEP 02 弹出"新建"对话框，设置文件名和保存路径，如图 11-3 所示，单击"确定"按钮，即可新建一个空白模型文件。

图 11-2 单击"新建"按钮

图 11-3 设置文件名和保存路径

STEP 03 在"主页"选项卡的"特征"选项组中，单击"拉伸"右侧的下拉按钮，在弹出的下拉列表中，单击"圆柱"按钮，如图 11-4 所示。

STEP 04 执行操作后，弹出"圆柱"对话框，设置"直径"为 195、"高度"为 4，然后单击"确定"按钮，如图 11-5 所示。

图 11-4 单击"圆柱"按钮

图 11-5 单击"确定"按钮

STEP 05 执行操作后，即可创建圆柱，如图 11-6 所示。

STEP 06 在"主页"选项卡的"特征"选项组中，单击"拉伸"右侧的下拉按钮，在弹出的下拉列表中，单击"圆锥"按钮 ⬧，如图 11-7 所示。

图 11-6 创建圆柱

图 11-7 单击"圆锥"按钮

STEP 07 弹出"圆锥"对话框，单击"类型"右侧的下拉按钮，在弹出的列表框中选择"直径和半角"选项，设置"底部直径"为 125、"顶部直径"为 75、"半角"为 30，如图 11-8 所示，单击"确定"按钮。

STEP 08 执行操作后，即可创建圆锥，如图 11-9 所示。

图 11-8 设置相应参数

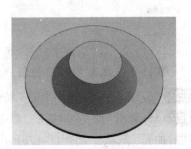

图 11-9 创建圆锥

STEP 09 在功能区"主页"选项卡的"特征"选项组中，单击"合并"按钮，如图 11-10 所示。

STEP 10 弹出"合并"对话框，选择下方的圆柱体为目标对象，选择上方的圆锥体为工具对象，如图 11-11 所示。单击"确定"按钮，执行操作后，即可创建合并特征。

图 11-10　单击"合并"按钮

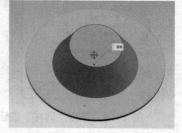

图 11-11　选择合适对象

STEP 11 在"主页"选项卡的"特征"选项组中，单击"边倒圆"按钮，如图 11-12 所示。

STEP 12 弹出"边倒圆"对话框，设置半径为 21，在绘图区中依次选择合适的边线，如图 11-13 所示。

图 11-12　单击"边倒圆"按钮

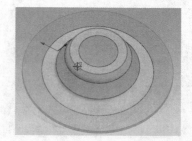

图 11-13　选择合适的边线

STEP 13 操作完成后，在对话框中单击"确定"按钮，如图 11-14 所示。

STEP 14 执行操作后，即可边倒圆对象，效果如图 11-15 所示。

图 11-14　单击"确定"按钮

图 11-15　边倒圆对象

STEP 15 在"主页"选项卡的"特征"选项组中单击"抽壳"按钮，如图 11-16 所示。

STEP 16 弹出"抽壳"对话框，单击"类型"右侧的下拉按钮，在弹出的列表框中选择"移除面，然后抽壳"选项，如图 11-17 所示。

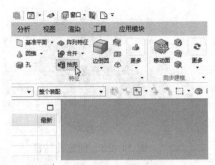

图 11-16 单击"抽壳"按钮

图 11-17 选择相应的选项

STEP 17 在绘图区中，选择圆柱体的底面，如图 11-18 所示。

STEP 18 在"抽壳"对话框中，设置"厚度"为 5.1，单击"确定"按钮，如图 11-19 所示。

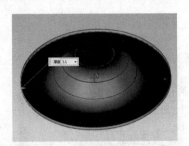

图 11-18 选择圆柱体的底面

图 11-19 设置"厚度"为 5.1

STEP 19 执行操作后，即可创建抽壳特征，如图 11-20 所示。

STEP 20 在"主页"选项卡的"特征"选项组中单击"孔"按钮，弹出"孔"对话框，设置"直径"为 23、"深度"为 6、"顶锥角"为 0，如图 11-21 所示。

图 11-20 创建抽壳特征

图 11-21 设置相应参数

STEP 21 在圆锥体上表面的圆心上，单击，如图 11-22 所示。

STEP 22 执行操作后，单击"确定"按钮，即可创建孔特征，如图 11-23 所示。

图 11-22　单击

图 11-23　创建孔特征

STEP 23 在"主页"选项卡的"特征"选项组中单击"孔"按钮🔲，弹出"孔"对话框，设置"直径"为 9、"深度"为 6、"顶锥角"为 0，在绘图区中的圆柱的表面上，单击，如图 11-24 所示。

STEP 24 弹出"草图点"对话框，单击"关闭"按钮，进入草图环境，调整尺寸参数，如图 11-25 所示。

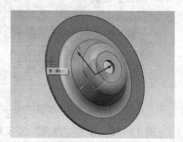

图 11-24　单击

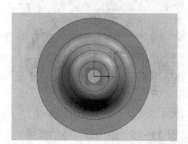

图 11-25　调整尺寸参数

STEP 25 单击"完成草图"按钮🔲，退出草图环境，并返回到"孔"对话框，单击"确定"按钮，即可创建孔特征，如图 11-26 所示。

STEP 26 在"主页"选项卡的"特征"选项组中，单击"阵列特征"按钮🔲，如图 11-27 所示。

图 11-26　创建孔特征

图 11-27　单击"阵列特征"按钮

STEP 27 弹出"阵列特征"对话框，选择新绘制的孔对象，如图 11-28 所示。

STEP 28 在对话框中，单击"点对话框"按钮🔲，如图 11-29 所示。

STEP 29 弹出"点"对话框，设置 X、Y、Z 的坐标为 0，单击"确定"按钮，如图 11-30 所示。

STEP 30 返回到"阵列特征"对话框，设置"间距"为"数量和节距"、"数量"为 8、"节距角"为 45，指定矢量为 ZC 轴，单击"确定"按钮，如图 11-31 所示。

图 11-29　单击"点对话框"按钮

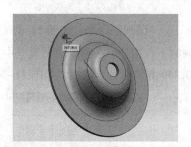

图 11-28　选择新绘制的孔对象

图 11-30　单击"确定"按钮

图 11-31　指定矢量为 ZC 轴

STEP 31 执行操作后，即可创建阵列特征，如图 11-32 所示。

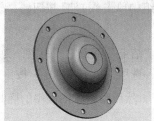
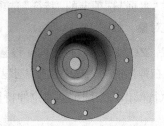

图 11-32　创建阵列特征

子任务 2　完善圆形护盖并着色处理

任务描述

本任务主要学习通过"椭圆""拉伸""阵列特征"以及"着色"等命令，完善圆形护盖模型，并对模型进行着色处理。

操作步骤

STEP 01 在单击"菜单"｜"插入"｜"曲线"｜"椭圆"命令，如图 11-33 所示。

STEP 02 弹出"点"对话框，单击"参考"右侧的下拉按钮，在弹出的列表框中选择"绝对 - 工作部件"选项，设置 X 为 29、Y 为 29、Z 为 0，单击"确定"按钮，如图 11-34 所示。

图 11-33　单击"椭圆"命令

图 11-34　设置相应参数 1

STEP 03 弹出"椭圆"对话框，设置"长半轴"为 19、"短半轴"为 14，单击"确定"按钮，如图 11-35 所示。

STEP 04 再次弹出"椭圆"对话框，单击"取消"按钮，即可绘制椭圆，如图 11-36 所示。

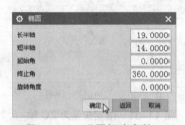

图 11-35　设置相应参数 2

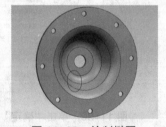

图 11-36　绘制椭圆

STEP 05 在"主页"选项卡的"特征"选项组中单击"拉伸"按钮，弹出"拉伸"对话框，选择新绘制的椭圆对象，如图 11-37 所示。

STEP 06 以"ZC 轴"为拉伸方向，设置"结束"下方的"距离"为 55，单击"布尔"右侧的下拉按钮，在弹出的列表框中选择"求差"选项，单击"确定"按钮，如图 11-38 所示。

STEP 07 执行操作后，即可创建拉伸特征，然后隐藏绘图区中的椭圆对象，如图 11-39 所示。

STEP 08 在"主页"选项卡的"特征"选项组中，单击"阵列特征"按钮，如

图 11-40 所示。

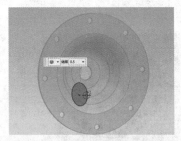

图 11-37 选择新绘制的椭圆对象

图 11-38 选择"求差"选项

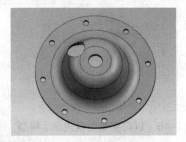

图 11-39 创建拉伸特征

图 11-40 单击"阵列特征"按钮

STEP 09 弹出"阵列特征"对话框，选择新绘制的孔对象，如图 11-41 所示。

STEP 10 在对话框中，设置"数量"为 4、"节距角"为 90，单击"点对话框"按钮 ，如图 11-42 所示。

图 11-41 选择新绘制的孔对象

图 11-42 单击"点对话框"按钮

STEP 11 弹出"点"对话框，接受默认的参数，单击"确定"按钮，如图 11-43 所示。

STEP 12 返回到"阵列特征"对话框，单击下方的"确定"按钮，即可创建阵列特征，效果如图 11-44 所示。

STEP 13 在"视图"选项卡的"样式"选项组中，单击"着色"按钮 ，着色显示模型，如图 11-45 所示。

STEP 14 在"渲染"选项卡的"渲染模式"选项组中，单击"真实着色"按钮 🌑，执行操作后，即可以真实着色模式显示模型，如图 11-46 所示。

图 11-43　单击"确定"按钮

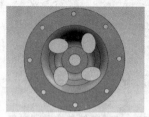

图 11-44　创建阵列特征

图 11-45　着色显示模型

图 11-46　以真实着色模式显示模型

STEP 15 选择所有模型对象，在"真实着色设置"选项组中单击"对象材料"下拉按钮，在弹出的面板中单击"拉丝铝"按钮 🌑，如图 11-47 所示。

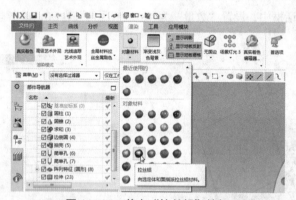

图 11-47　单击"拉丝铝"按钮

STEP 16 执行操作后，即可完成车轮圆形护盖的渲染，如图 11-48 所示。

图 11-48　渲染车轮圆形护盖

任务2   绘制平口钳底座

本任务制作如图 11-49 所示的平口钳底座，平口钳底座是通过拉伸实体、腔体、垫块、螺纹即拉伸等命令来完成的。

图 11-49   平口钳底座

素材位置	无
效果位置	光盘 \ 效果 \ 项目 11\ 任务 2.prt
视频位置	光盘 \ 视频 \ 项目 11\ 任务 2 绘制平口钳底座 .mp4

子任务 1   绘制平口钳底座基本模型

任 务 描 述

本任务主要学习通过"草图""拉伸""腔体""边倒圆"以及"孔"等命令，绘制平口钳底座基本模型。

操 作 步 骤

STEP 01 单击"文件"｜"新建"命令，弹出"新建"对话框，设置文件名和保存路径，如图 11-50 所示。

STEP 02 单击"确定"按钮，新建一个空白模型文件，单击"草图"按钮，以"XC-ZC 轴"为基准平面；在"直接草图"工具栏中利用"直线"命令绘制相应的直线对象，效果如图 11-51 所示。

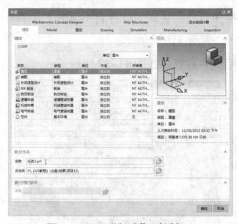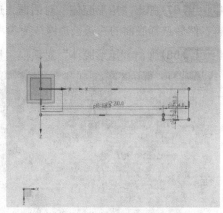

图 11-50   "新建"对话框   图 11-51   绘制相应的直线对象

STEP 03 执行操作后，单击"完成草图"按钮；单击"菜单"｜"插入"｜"设计特征"｜"拉伸"命令，弹出"拉伸"对话框，如图 11-52 所示。

STEP 04 指定拉伸矢量为"YC 轴"，设置其"开始"和"结束"的"距离"值分别为

0mm、120mm，如图 11-53 所示。

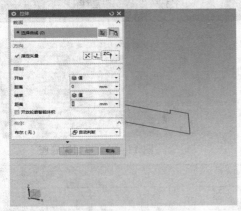

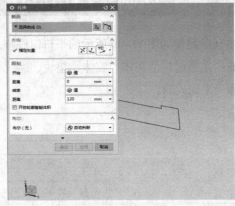

图 11-52　"拉伸"对话框　　　　　　　图 11-53　设置参数

STEP 05 在绘图区中选择草图，单击"确定"按钮，即可创建拉伸特征，效果如图 11-54 所示。

STEP 06 单击"特征"工具栏中的"腔体"按钮，弹出"腔体"对话框，单击"矩形"按钮，如图 11-55 所示。

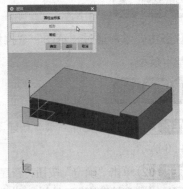

图 11-54　创建拉伸特征　　　　　　　图 11-55　单击"矩形"按钮

STEP 07 弹出"矩形腔体"对话框，选择拉伸对象的底面为放置面，弹出"水平参考"对话框，然后选择底面的一条长边缘线为参考方向，如图 11-56 所示。

STEP 08 弹出"矩形腔体"对话框，设置相应的参数，如图 11-57 所示。

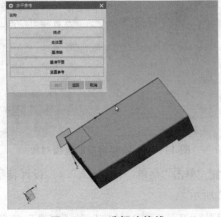

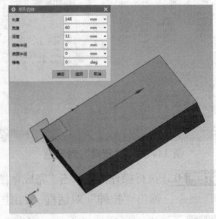

图 11-56　选择边缘线　　　　　　　　图 11-57　设置参数

STEP 09 单击"确定"按钮，在弹出的"定位"对话框中单击"垂直"按钮，弹出"垂直的"对话框，如图 11-58 所示。

STEP 10 选择拉伸对象底面的长边缘线，然后选择腔体的长中心线，在弹出的"创建表达式"对话框中设置其"距离"为 60mm，如图 11-59 所示。

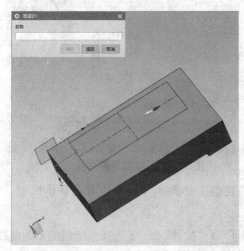

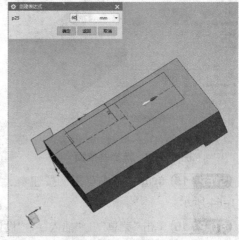

图 11-58　"垂直"对话框　　　　　　　　　　图 11-59　设置参数

STEP 11 单击"确定"按钮，返回"定位"对话框，单击"垂直的"按钮，设置拉伸对象短边缘线与腔体底边的"距离"为 18mm，如图 11-60 所示。

STEP 12 单击"确定"按钮，返回到"矩形腔体"对话框，单击"取消"按钮，即可生成腔体，如图 11-61 所示。

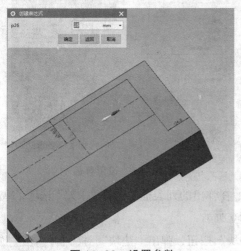

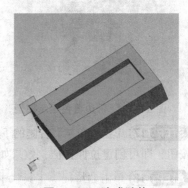

图 11-60　设置参数　　　　　　　　　　图 11-61　生成腔体

STEP 13 单击"菜单"｜"插入"｜"草图"命令，弹出"创建草图"对话框，选择拉伸对象的上表面为基准面，如图 11-62 所示。

STEP 14 单击"确定"按钮，进入草图环境，绘制草图曲线，并以线框模式显示，如图 11-63 所示。

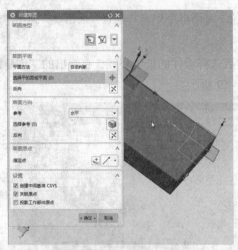

图 11-62　选择基准面

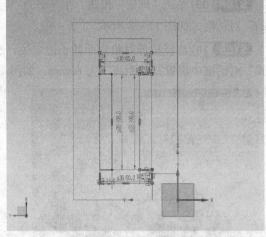

图 11-63　绘制草图曲线

STEP 15　单击"完成草图"按钮，返回建模工作界面并以带边着色显示模型，如图 11-64 所示。

STEP 16　单击"菜单"|"插入"|"设计特征"|"拉伸"命令，选择刚绘制的草图曲线，指定拉伸的矢量方向为"-ZC 轴"，设置其"开始"和"结束"值分别为 0mm、25mm，如图 11-65 所示。

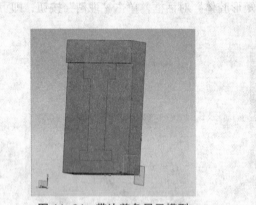

图 11-64　带边着色显示模型

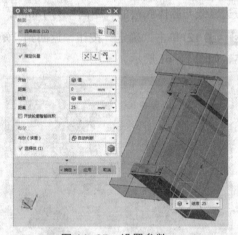

图 11-65　设置参数

STEP 17　单击"布尔"右侧的下拉按钮，在弹出的列表框中选择"求差"选项，单击"确定"按钮，即可创建拉伸特征，效果如图 11-66 所示。

STEP 18　单击"特征"工具栏中的"垫块"按钮，弹出"垫块"对话框，单击"矩形"按钮，弹出"矩形垫块"对话框，选择合适的侧面为放置面，如图 11-67 所示。

STEP 19　弹出"水平参考"对话框，指定该侧面的长边线为参考线，弹出"矩形垫块"对话框，设置"长度""宽度"和"高度"分别为 40mm、20mm 和 40mm，如图 11-68 所示。

STEP 20　执行操作后，单击"确定"按钮，在弹出的"定位"对话框中单击"垂直"按钮，如图 11-69 所示。

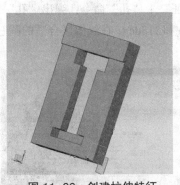

图 11-66　创建拉伸特征

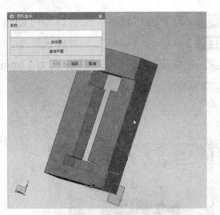

图 11-67　选择合适的面

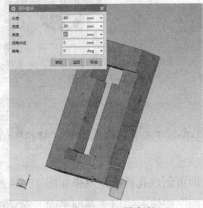

图 11-68　设置参数

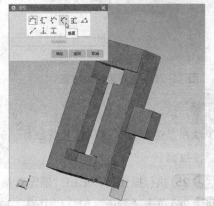

图 11-69　单击"垂直"按钮

STEP 21 弹出"垂直的"对话框，设置侧面底边缘线与垫块底边的"距离"为 0mm、侧面的短边缘线与垫块短边缘线的"距离"为 80mm，重复单击两次"确定"按钮，并单击"取消"按钮，即可创建垫块，如图 11-70 所示。

STEP 22 单击"菜单"｜"插入"｜"细节特征"｜"边倒圆"命令，弹出"边倒圆"对话框，设置"半径 1"为 20mm，在绘图区中选择垫块的 4 条侧边，如图 11-71 所示。

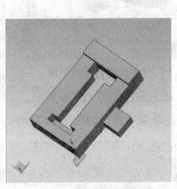

图 11-70　创建垫块

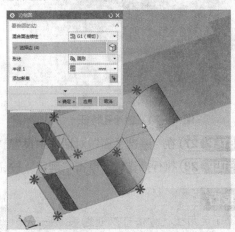

图 11-71　选择千条侧边

STEP 23 单击"确定"按钮，即可创建边倒圆特征，如图 11-72 所示。

STEP 24 单击"菜单"｜"插入"｜"设计特征"｜"孔"命令，弹出"孔"对话框，设置"直径""深度"和"顶锥角"分别为 13mm、20mm 和 118deg，在绘图区合适的圆心上单击，如图 11-73 所示。

图 11-72　创建边倒圆特征

图 11-73　单击

操作技巧 ☞

除了运用上述方法可以创建孔特征外，还可以单击"主页"选项卡中"特征"选项组中的"孔"按钮 ⬚。

STEP 25 执行操作后，单击"确定"按钮，即可创建孔特征，效果如图 11-74 所示。

STEP 26 单击"特征"工具栏中的"基准平面"按钮，弹出"基准平面"对话框，在绘图区中选择合适的平面，如图 11-75 所示。

图 11-74　创建孔特征

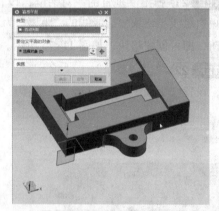

图 11-75　选择合适的平面

STEP 27 在"基准平面"对话框中设置"偏置"为 -60mm，如图 11-76 所示。

STEP 28 执行操作后，单击"确定"按钮，即可创建基准平面，如图 11-77 所示。

操作技巧 ☞

除了运用上述方法可以创建基准平面外，还可以单击"主页"选项卡中"特征"选项组中的"基准平面"按钮 ⬚。

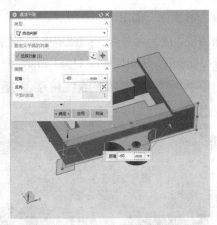

图 11-76　设置参数

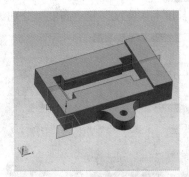

图 11-77　创建基准平面

STEP 29 单击"菜单"|"插入"|"关联复制"|"镜像特征"命令,弹出"镜像特征"对话框,在绘图区中选择合适的特征,单击"平面"按钮,在绘图区中选择刚创建的基准平面,如图 11-78 所示。

STEP 30 单击"菜单"|"插入"|"关联复制"|"镜像特征"命令,弹出"镜像特征"对话框,在绘图区中选择合适的特征,单击"平面"按钮,在绘图区中选择刚创建的基准平面,如图 11-78 所示。单击"确定"按钮,即可创建镜像特征,如图 11-79 所示。

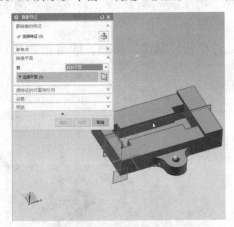

图 11-78　选择基准平面

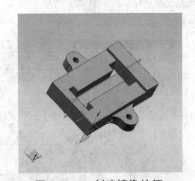

图 11-79　创建镜像特征

子任务 2　完善平口钳底座并着色处理

任 务 描 述

本任务主要学习通过"垫块""孔""镜像特征""螺纹""边倒圆"以及"着色"等命令,完善平口钳底座基本模型,并对模型进行着色处理。

操 作 步 骤

STEP 01 单击"特征"工具栏中的"垫块"按钮,弹出"垫块"对话框,单击"矩形"

按钮，弹出"矩形垫块"对话框，选择合适的平面为放置面，如图 11-80 所示。

STEP 02 弹出"水平参考"对话框，指定该面的长边线为参考线，弹出"矩形垫块"对话框，设置"长度""宽度"和"高度"分别为 100mm、34mm 和 4mm，如图 11-81 所示。

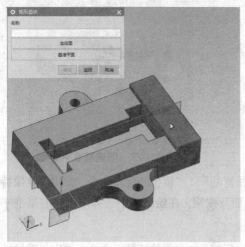

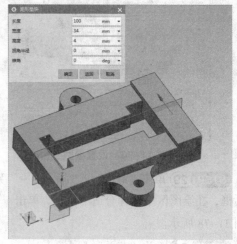

图 11-80　选择合适的平面　　　　　　　图 11-81　选择参数

STEP 03 单击"确定"按钮，在弹出的"定位"对话框中单击"垂直"按钮，设置侧面底边缘线与垫块底边的"距离"为 0mm、侧面的短边缘线与垫块短边缘线的"距离"为 10mm，如图 11-82 所示。

STEP 04 重复单击两次"确定"按钮，并单击"取消"按钮，即可创建垫块，如图 11-83 所示。

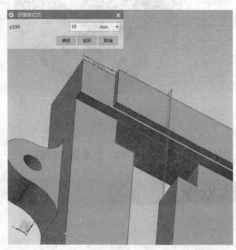

图 11-82　设置参数　　　　　　　　　图 11-83　创建垫块

STEP 05 单击"特征"工具栏中的"垫块"按钮，弹出"垫块"对话框，单击"矩形"按钮，弹出"矩形垫块"对话框，选择合适的面为放置面，如图 11-84 所示。

STEP 06 弹出"水平参考"对话框，指定该面的长边线为参考线，弹出"矩形垫块"对话框，设置"长度""宽度"和"高度"分别为 100mm、25mm 和 27mm，如图 11-85 所示。

图 11-84　选择放置面

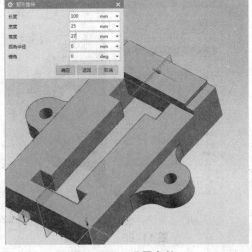

图 11-85　设置参数

STEP 07 单击"确定"按钮，在弹出的"定位"对话框中单击"垂直"按钮，设置平面底边缘线与垫块底边的"距离"为 0mm、平面的短边缘线与垫块短边缘线的"距离"为 0mm，如图 11-86 所示。

STEP 08 重复单击两次"确定"按钮，并单击"取消"按钮，即可创建垫块，如图 11-87 所示。

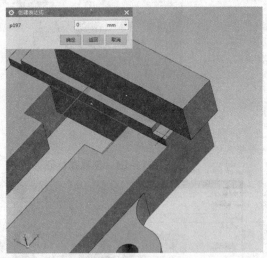

图 11-86　设置参数

图 11-87　创建垫块

STEP 09 单击"特征"工具栏中的"孔"按钮，弹出"孔"对话框，设置其"直径""深度"和"顶锥角"的参数为 4mm、15mm 和 118deg，如图 11-88 所示。

STEP 10 单击"点"按钮，在绘图区中合适的平面上单击，弹出"草图点"对话框，如图 11-89 所示。

STEP 11 单击"关闭"按钮，进入草图环境，修改点的尺寸，如图 11-90 所示。

STEP 12 单击"完成草图"按钮，返回建模工作界面，单击"确定"按钮，即可创建孔特征，效果如图 11-91 所示。

图 11-88　设置参数

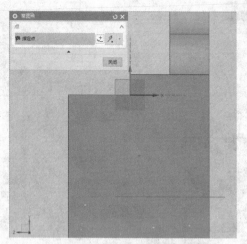

图 11-89　"草图点"对话框

STEP 13 单击"菜单"｜"插入"｜"关联复制"｜"镜像特征"命令，如图 11-92 示。

STEP 14 弹出"镜像特征"对话框，在绘图区中选择合适的特征，选择"指定平面"选项，如图 11-93 所示。

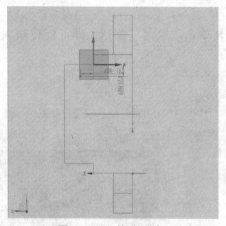

图 11-90　修改尺寸

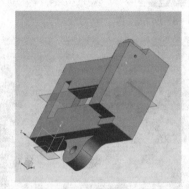

图 11-91　创建孔特征

图 11-92　单击"镜像特征"命令

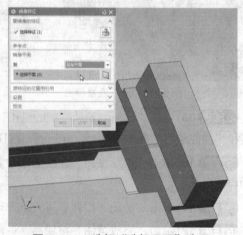

图 11-93　选择"选择平面"选项

STEP 15 在绘图区中选择刚创建的基准平面，单击"确定"按钮，即可创建镜像孔特征，如图 11-94 所示。

STEP 16 单击"特征"工具栏中的"孔"按钮，弹出"孔"对话框，设置其"直径""深度"和"顶锥角"的参数为 18mm、18mm 和 118deg，如图 11-95 所示。

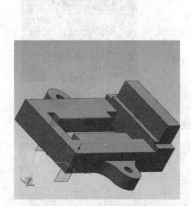

图 11-94　镜像孔特征

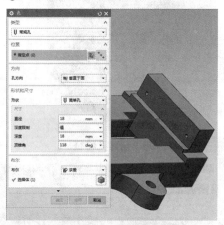

图 11-95　设置参数

STEP 17 单击"点"按钮，在绘图区中合适的平面上单击，弹出"草图点"对话框，如图 11-96 所示。

STEP 18 单击"关闭"按钮，进入草图环境，修改点的尺寸，如图 11-97 所示。

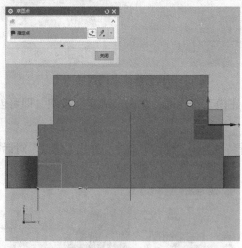

图 11-96　"草图点"对话框

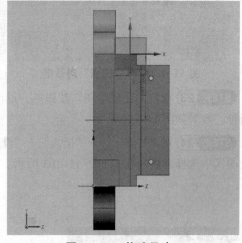

图 11-97　修改尺寸

STEP 19 单击"完成"按钮 ，返回建模工作界面，单击"确定"按钮，即可创建孔特征，效果如图 11-98 所示。

STEP 20 单击"特征"工具栏中的"孔"按钮，弹出"孔"对话框，设置"直径""深度"和"顶锥角"的分别为 25mm、34mm 和 118deg，如图 11-99 所示。

STEP 21 单击"点"按钮，在绘图区中合适的平面上单击，弹出"草图点"对话框，如图 11-100 所示。

STEP 22 单击"关闭"按钮，进入草图环境，修改点的尺寸，如图 11-101 所示。

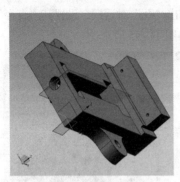

图 11-98 创建孔特征

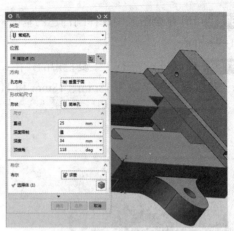

图 11-99 设置参数

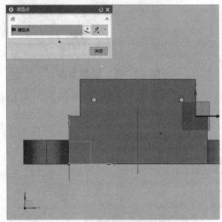

图 11-100 "草图点"对话框

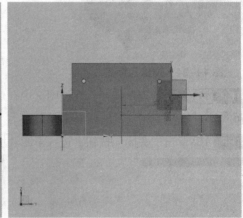

图 11-101 修改点的尺寸

STEP 23 单击"完成草图"按钮 ▓，返回建模工作界面，单击"确定"按钮，即可创建孔特征，效果如图 11-102 所示。

STEP 24 单击"菜单"|"插入"|"设计特征"|"螺纹"命令，弹出"螺纹"对话框，在绘图区中选择合适的孔，如图 11-103 所示。

图 11-102 创建孔特征

图 11-103 选择合适的孔

STEP 25 在"螺纹"对话框中，设置"长度"为12mm，其他各选项为默认的参数值，如图11-104所示。

STEP 26 单击"确定"按钮，即可创建螺纹，并以线框模式显示，如图11-105所示。

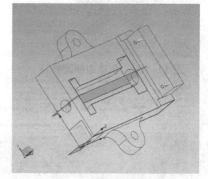

图11-104　设置参数　　　　　　　　　　　　图11-105　创建螺纹

STEP 27 以带边着色显示模型，单击"菜单"|"插入"|"细节特征"|"边倒圆"命令，如图11-106所示。

STEP 28 弹出"边倒圆"对话框，设置"半径1"为5mm，然后选择合适的圆弧为倒圆边，如图11-107所示。

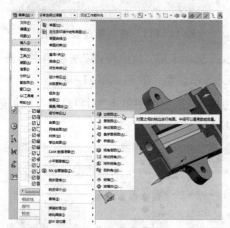

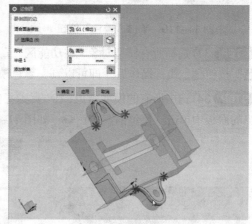

图11-106　单击"边倒圆"命令　　　　　　　图11-107　选择合适的圆弧

STEP 29 执行操作后，单击"确定"按钮，即可为实体创建边倒圆特征，效果如图11-108所示。

STEP 30 在部件导航器中选择合适的选项，右击，在弹出的快捷菜单中选择"隐藏"选项，隐藏相应的选项，执行操作后，效果如图11-109所示。

STEP 31 选择所有模型对象，单击"视图"工具栏中的"样式"选项组，在选项组中，单击"着色"按钮，如图11-110所示。

STEP 32 执行操作后，即可以着色模式显示模型，效果如图11-111所示。

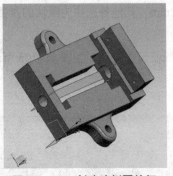

图 11-108　创建边倒圆特征

图 11-109　隐藏相应的选项

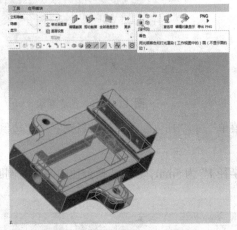

图 11-110　单击"着色"按钮

图 11-111　着色模式显示模型

STEP **33** 选择所有模型对象，在功能区"渲染"选项卡的"渲染模式"选项组中单击"真实着色"按钮，执行操作后，即可以真实着色模式显示模型，效果如图 11-112 所示。

STEP **34** 选中所有的模型对象，在"真实着色设置"选项组中单击"对象材料"下拉按钮，在弹出的面板中单击"拉丝铝"按钮，如图 11-113 所示。

图 11-112　真实着色模式显示模型

图 11-113　单击"拉丝铝"按钮

STEP **35** 执行操作后，即可完成平口钳底座的渲染，如图 11-114 所示。

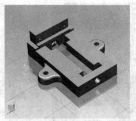

图 11-114　渲染平口钳底座

项目小结

　　本项目主要学习了两种机械零件的具体绘制技巧，主要包括车轮圆形护盖和平口钳底座零件，首先绘制模型的草图，然后运用一系列的圆柱、圆锥、拉伸、阵列特征、孔等命令，创建零件的实体特征效果，最后对模型进行着色与渲染处理。

课后习题

　　鉴于本项目知识的重要性，为帮助用户更好地掌握所学知识，通过课后习题对本项目内容进行简单的知识回顾。

素材位置	无
效果位置	光盘 \ 效果 \ 项目 11\ 课后习题 .prt
学习目标	通过"草图""旋转""孔"等命令，绘制带轮机械零件效果。

　　本习题需要用户制作出带轮机械零件效果，最终效果如图 11-115 所示。

图 11-115　带轮零件效果

步骤分解如图 11-116 所示。

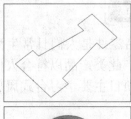

图 11-116　实例步骤分解

项目 12 绘制产品零件

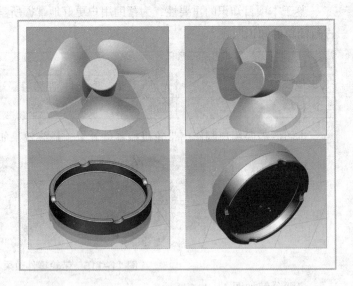

项目导读

　　产品零件是人们日常生活和工作中不可缺少的帮手，此类产品以符合人体工学为基准进行设计。本项目主要学习台式风扇和圆形烟灰缸的设计方法。

任务1　绘制台式风扇

本任务制作如图 12-1 所示的台式风扇，风扇指热天借以生风取凉的用具，是用电驱动产生气流的装置，内配置的扇子通电后进行转动产生自然风来达到乘凉的效果。首先使用"圆柱"命令创建圆柱，接着绘制直线并对其进行投影，然后使用"直纹"和"加厚"命令创建直纹曲面和加厚特征，接着创建圆柱，并创建阵列特征，最后完善模型颜色，即可完成风扇的制作。

图 12-1　台式风扇

素材位置	无
效果位置	光盘 \ 效果 \ 项目 12\ 任务 1.prt
视频位置	光盘 \ 视频 \ 项目 12\ 任务 1 绘制台式风扇 .mp4

子任务1　绘制台式风扇基本模型

任 务 描 述

本任务主要学习通过"圆柱""孔""点""直线""投影""直纹"以及"加厚"等命令，绘制台式风扇基本模型。

操 作 步 骤

STEP 01 单击"文件" |"新建"命令，弹出"新建"对话框，设置文件名和保存路径，如图 12-2 所示，单击"确定"按钮，执行操作后，即可新建一个空白模型文件。

STEP 02 在"主页"选项卡的"特征"选项组中，单击"拉伸"右侧的下拉按钮，在弹出的下拉列表中，单击"圆柱"按钮，如图 12-3 所示。

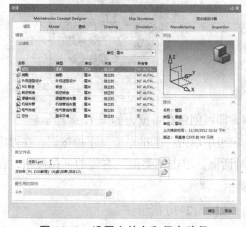

图 12-2　设置文件名和保存路径

图 12-3　单击"圆柱"按钮

STEP 03 弹出"圆柱"对话框，设置"直径"为400、"高度"为120，然后单击"确定"按钮，如图 12-4 所示。

STEP 04 执行操作后，即可创建圆柱，如图 12-5 所示。

图 12-4　单击"确定"按钮

图 12-5　创建圆柱

STEP 05 在"主页"选项卡的"特征"选项组中，单击"孔"按钮，弹出"孔"对话框，设置"直径"为120、"深度"为120、"顶锥角"为0，如图 12-6 所示。

STEP 06 在圆柱的中心点上，单击，如图 12-7 所示。

图 12-6　设置相应参数

图 12-7　单击

STEP 07 执行操作后，单击"确定"按钮，即可创建孔特征，如图 12-8 所示。

STEP 08 在"主页"选项卡的"特征"选项组中单击"基准平面"下拉按钮，在弹出的下拉列表中，单击"点"按钮＋，弹出"点"对话框，单击"类型"右侧的下拉按钮，在弹出的列表框中选择"象限点"选项，如图 12-9 所示。

STEP 09 在绘图区中合适的边线上，单击，如图 12-10 所示。

STEP 10 单击"确定"按钮，即可绘制点，然后以静态线框模式显示模型，如图 12-11 所示。

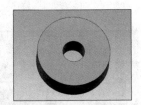

图 12-8 创建孔特征

图 12-9 选择"象限点"选项

图 12-10 单击

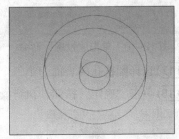

图 12-11 以静态线框模式显示模型

STEP 11 用与上同样的方法，绘制点对象，如图 12-12 所示。

STEP 12 单击"菜单"｜"插入"｜"曲线"｜"直线"命令，弹出"直线"对话框，在绘图区中相应的点上依次单击，如图 12-13 所示。

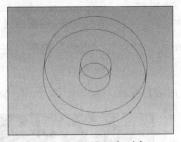

图 12-12 绘制点对象

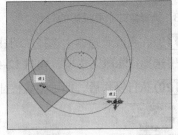

图 12-13 单击点对象

STEP 13 在对话框中，单击"确定"按钮，如图 12-14 所示。

STEP 14 执行操作后，即可绘制直线，如图 12-15 所示。

图 12-14 单击"确定"按钮

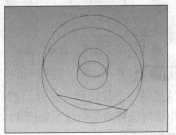

图 12-15 绘制直线

STEP 15 单击"菜单"丨"插入"丨"派生曲线"丨"投影"命令，如图 12-16 所示。

STEP 16 弹出"投影曲线"对话框，在绘图区中选择要投影的直线，单击"选择对象"按钮，选择圆柱体的圆弧面为第一个要投影的对象，如图 12-17 所示。

图 12-16 单击"投影"命令

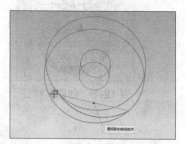

图 12-17 选择第一个要投影的对象

STEP 17 选择圆柱孔的表面为第二个要投影的对象，如图 12-18 所示。

STEP 18 单击"确定"按钮，执行操作后，即可投影曲线，如图 12-19 所示。

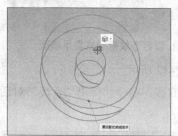

图 12-18 选择第二个要投影的对象

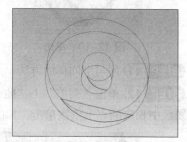

图 12-19 投影曲线

STEP 19 在资源管理器中选择"圆柱""简单孔""点""直线"选项，右击，在弹出的快捷菜单中选择"隐藏"选项，如图 12-20 所示。

STEP 20 执行操作后，即可隐藏特征，如图 12-21 所示。

图 12-20 选择"隐藏"选项

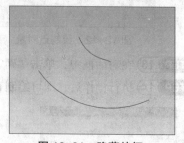

图 12-21 隐藏特征

STEP 21 在"主页"选项卡的"曲面"选项组中单击"曲面"下拉按钮，在弹出的面板中单击"更多"下拉按钮，在弹出的面板中单击"直纹"按钮，弹出"直纹"对话框，在绘图区中依次选择两条曲线，如图 12-22 所示。

STEP 22 在对话框中，单击"确定"按钮，如图 12-23 所示。

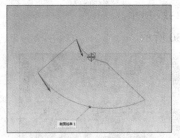

图 12-22　依次选择两条曲线

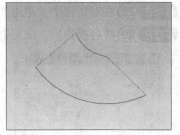

图 12-23　单击"确定"按钮

STEP 23 执行操作后，即可创建直纹曲面，并以带边着色显示模型，如图 12-24 所示。

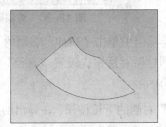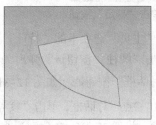

图 12-24　以带边着色显示模型

STEP 24 在"主页"选项卡的"曲面"选项组中单击"曲面"下拉按钮，在弹出的面板中单击"更多"下拉按钮，在弹出的面板中单击"加厚"按钮，弹出"加厚"对话框，在绘图区中选择直纹曲面，如图 12-25 所示。

STEP 25 设置"偏置 1"为 1、"偏置 2"为 -1，单击"确定"按钮，如图 12-26 所示。

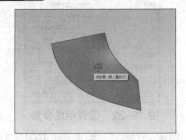

图 12-25　选择直纹曲面

图 12-26　设置相应参数

STEP 26 执行操作后，即可加厚曲面，然后在资源管理器中隐藏"投影曲线"和"直纹"特征，效果如图 12-27 所示。

STEP 27 在"主页"选项卡的"特征"选项组中，单击"边倒圆"按钮，弹出"边倒圆"对话框，设置半径为 40，在绘图区中选择合适的边线，如图 12-28 所示。

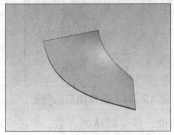

图 12-27　隐藏相应特征

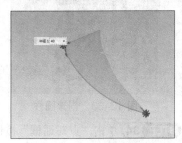

图 12-28　选择合适的边线

STEP 28 在对话框中，单击"确定"按钮，如图 12-29 所示。

STEP 29 执行操作后，即可边倒圆对象，如图 12-30 所示。

图 12-29　单击"确定"按钮

图 12-30　边倒圆对象

STEP 30 在"主页"选项卡的"特征"选项组中单击"拉伸"右侧的下拉按钮，在弹出的下拉列表中，单击"圆柱"按钮 █，弹出"圆柱"对话框，设置"直径"为 132、"高度"为 132，单击"点对话框"按钮 ，如图 12-31 所示。

STEP 31 弹出"点"对话框，单击"参考"右侧的下拉按钮，在弹出的列表框中选择"绝对 - 工作部件"选项，设置 X、Y、Z 分别为 0、0、-3，单击"确定"按钮，如图 12-32 所示。

图 12-31　单击"点对话框"按钮

图 12-32　设置相应参数

STEP 32 执行操作后，返回到"圆柱"对话框，单击"确定"按钮，即可创建圆柱，如图 12-33 所示。

STEP 33 在"主页"选项卡的"特征"选项组中单击"阵列特征"按钮 ，弹出"阵列特征"对话框，在绘图区中选择相应的特征，如图 12-34 所示。

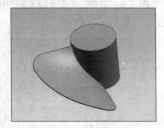

图 12-33　创建圆柱

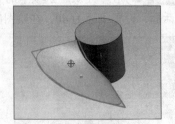

图 12-34　选择相应的特征

STEP 34 单击"点对话框"按钮 ，弹出"点"对话框，接受默认的参数，单击"确定"按钮，如图 12-35 所示。

STEP 35 执行操作后，返回到"阵列特征"对话框，设置"数量"和"节距角"分别为 3 和 120，单击"确定"按钮，如图 12-36 所示。

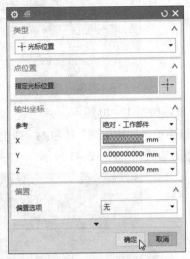

图 12-35 单击"确定"按钮 1

图 12-36 单击"确定"按钮 2

STEP 36 执行操作后，即可对绘制的风扇扇叶对象进行阵列操作，创建阵列特征，效果如图 12-37 所示。

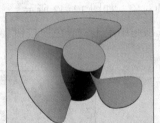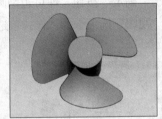

图 12-37 创建阵列特征

子任务 2 完善台式风扇并着色处理

任 务 描 述

本任务主要学习通过"合并""边倒圆"以及"着色"等命令，完善台式风扇基本模型，并对台式风扇进行着色处理。

操 作 步 骤

STEP 01 在"主页"选项卡的"特征"选项组中单击"合并"按钮，弹出"合并"对话框，选择相应的圆柱体为目标对象，其余的特征为工具对象，如图 12-38 所示，单击"确定"按钮，即可创建合并特征。

STEP 02 在"主页"选项卡的"特征"选项组中，单击"边倒圆"按钮，执行操作后，弹出"边倒圆"对话框，设置半径为 5，在绘图区中依次选择圆柱对象表面上合适的边线，如图 12-39 所示。

图 12-38　单击"确定"按钮

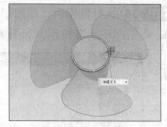

图 12-39　选择边线 1

STEP 03 单击"确定"按钮，即可边倒圆对象，如图 12-40 所示。

STEP 04 在"主页"选项卡的"特征"选项组中单击"边倒圆"按钮，弹出"边倒圆"对话框，设置半径为 0.6，在绘图区中依次选择合适的边线，如图 12-41 所示。

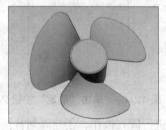

图 12-40　边倒角对象 1

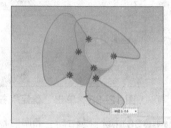

图 12-41　选择边线 2

STEP 05 单击"确定"按钮，即可边倒圆对象，如图 12-42 所示。

STEP 06 在"视图"选项卡的"样式"选项组中单击"着色"按钮，着色显示模型，如图 12-43 所示。

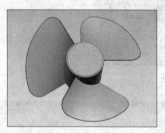

图 12-42　边倒圆对象 2

图 12-43　着色显示模型

STEP 07 在"渲染"选项卡的"渲染模式"选项组中单击"真实着色"按钮，执行操作后，即可以真实着色模式显示模型，如图 12-44 所示。

STEP 08 选择所有模型对象，在"真实着色设置"选项组中单击"对象材料"下拉按钮，在弹出的面板中单击"黄色亮泽塑料"按钮，执行操作后，即可完成风扇的渲染，如图 12-45 所示。

图 12-44　真实着色显示模型

图 12-45　渲染风扇

任务 2　绘制圆形烟灰缸

本任务制作如图 12-46 所示的圆形烟灰缸，烟灰缸是通过绘制圆柱体、绘制孔特征、圆角对象、减去运算、抽壳实体特征等命令来完成的。

图 12-46　圆形烟灰缸

素材位置	无
效果位置	光盘 \ 效果 \ 项目 12\ 任务 2.prt
视频位置	光盘 \ 视频 \ 项目 12\ 任务 2 绘制圆形烟灰缸 .mp4

子任务 1　绘制烟灰缸基本模型

任务描述

本任务主要学习通过"圆柱""孔"以及"抽壳"等命令，绘制烟灰缸基本模型。

操作步骤

STEP 01 单击"文件"|"新建"命令，弹出"新建"对话框，设置文件名和保存路径，如图 12-47 所示。

STEP 02 单击"确定"按钮，新建一个空白的模型文件，在"主页"选项卡的"特征"选项组中单击"圆柱"按钮，如图 12-48 所示。

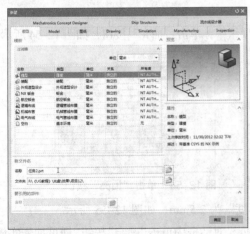

图 12-47　"新建"对话框　　　　　图 12-48　单击"圆柱"按钮

STEP 03 弹出"圆柱"对话框，在绘图区中以原点为中心，"ZC 轴"为圆柱轴向，创建一个"直径"为 100mm、"高度"为 15mm 的圆柱体，效果如图 12-49 所示。

STEP 04 在"主页"选项卡的"特征"选项组中，单击"孔"按钮，如图 12-50 所示。

图 12-49　创建圆柱体

图 12-50　单击"孔"按钮

STEP 05 弹出"孔"对话框，设置"直径"为 90mm、"深度"为 10mm、"顶锥角"为 0deg，如图 12-51 所示。

STEP 06 在圆柱体的上表面的圆心点处，单击，如图 12-52 所示。

图 12-51　设置参数

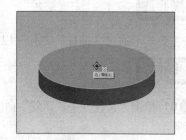

图 12-52　单击

STEP 07 在"孔"对话框中，单击"确定"按钮，执行操作后，即可创建孔特征，效果如图 12-53 所示。

STEP 08 在"主页"选项卡的"特征"选项组中，单击"抽壳"按钮，如图 12-54 所示。

图 12-53　设计孔特征

图 12-54　单击"抽壳"按钮

STEP 09 弹出"抽壳"对话框，设置"厚度"为 2.5mm，如图 12-55 所示。

STEP 10 选择圆柱体的下表面对象，在"抽壳"对话框中单击"确定"按钮，即可抽壳实体，效果如图 12-56 所示。

STEP 11 在"主页"选项卡的"特征"选项组中，单击"圆柱"按钮，如图 12-57 所示。

STEP 12 弹出"圆柱"对话框，指定矢量为 -XC 轴方向，设置"直径"为 12mm、"高度"为 100mm，如图 12-58 所示。

图 12-55　设置参数

图 12-56　抽壳实体

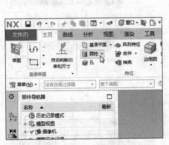

图 12-57　单击"圆柱"按钮

图 12-58　设置参数

STEP 13 单击"点对话框"按钮，弹出"点"对话框，如图 12-59 所示。

STEP 14 设置 XC 为 50mm、YC 为 0mm、ZC 为 18mm，单击"确定"按钮，如图 12-60 所示。

图 12-59　"点"对话框

图 12-60　单击"确定"按钮

STEP 15 执行操作后，返回到"圆柱"对话框，单击"确定"按钮，绘制圆柱体，效果如图 12-61 所示。

STEP 16 在"主页"选项卡的"特征"选项组中，单击"圆柱"按钮，弹出"圆柱"对话框，如图 12-62 所示。

STEP 17 指定矢量为 YC 轴方向，设置"直径"为 12mm、"高度"为 100mm，如图 12-63 所示。

STEP 18 单击"点对话框"按钮，弹出"点"对话框，设置 XC 为 0mm、YC 为 -50mm、ZC 为 18mm，如图 12-64 所示。

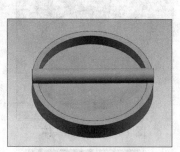

图 12-61　绘制圆柱体

图 12-62　"圆柱"对话框

图 12-63　设置参数 1

图 12-64　设置参数 2

STEP 19 单击"确定"按钮，返回到"圆柱"对话框，单击"确定"按钮，如图 12-65 所示。

STEP 20 执行操作后，即可绘制圆柱体，效果如图 12-66 所示。

图 12-65　单击"确定"按钮

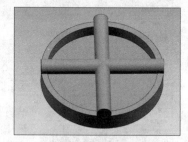

图 12-66　绘制圆柱体

子任务 2　完善烟灰缸并着色处理

任 务 描 述

本任务首先学习通过"减去"和"边倒圆"命令，对烟灰缸模型进行完善处理；然后学习通过"真实着色"命令，对烟灰缸进行着色处理。

操 作 步 骤

STEP 01 在"主页"选项卡的"特征"选项组中单击"减去"按钮，如图 12-67 所示。

STEP 02 弹出"求差"对话框，选择大圆柱为目标对象，依次选择两个小圆为工具对象，如图 12-68 所示。

图 12-67 单击"减去"按钮

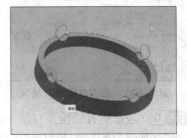

图 12-68 选择相应的对象

操作技巧 ☞

求差特征操作是指从目标体对象中移除目标体与工具体相交的部分，如果目标体被分割成两个部分，则目标体的参数将会被修改。

如果目标体与工具体相切，或目标体与工具体之间的距离大于或小于等于 0，则不能进行求差操作。

STEP 03 单击"确定"按钮，即可求差运算实体特征，效果如图 12-69 所示。

STEP 04 在功能区"主页"选项卡的"特征"选项组中单击"边倒圆"按钮，如图 12-70 所示。

图 12-69 求差运算实体特征

图 12-70 单击"边倒圆"按钮

STEP 05 弹出"边倒圆"对话框，设置"半径 1"为 1mm、在绘图区中选择烟灰缸顶部和底部的边对象，如图 12-71 所示。

STEP 06 单击"确定"按钮，即可边倒圆实体特征，如图 12-72 所示。

图 12-71 选择相应的对象

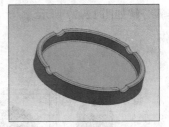

图 12-72 边倒圆实体特征

STEP 07 选择所有模型对象，在功能区"渲染"选项卡的"渲染模式"选项组中单击"真实着色"按钮 ⚫，如图 12-73 所示。

STEP 08 执行操作后，即可以真实着色模式显示模型，如图 12-74 所示。

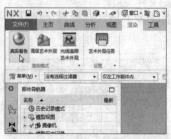

图 12-73　单击真实着色按钮

图 12-74　真实着色模式显示模型

STEP 09 选择所有的模型对象，在"真实着色设置"选项组中单击"对象材料"下拉按钮，在弹出的面板中单击"拉丝铝"按钮 ◉，执行操作后，即可完成烟灰缸的渲染，如图 12-75 所示。

图 12-75　渲染烟灰缸

项 目 小 结

本项目主要学习了两种产品的具体绘制技巧，主要包括台式风扇和烟灰缸，首先通过"圆柱"命令绘制圆柱体，然后运用一系列的拉伸、合并、阵列特征、抽壳、边倒圆等命令，创建产品零件的实体特征效果，最后对模型进行着色与渲染处理。

课 后 习 题

鉴于本项目知识的重要性，为帮助用户更好地掌握所学知识，通过课后习题对本项目内容进行简单的知识回顾。

素材位置	无
效果位置	光盘 \ 效果 \ 项目 12\ 课后习题 .prt
学习目标	通过"圆柱""倒斜角""孔"等命令，绘制易拉罐产品效果。

本习题需要用户制作出易拉罐的效果，最终效果如图 12-76 所示。

步骤分解如图 12-77 所示。

图 12-76　易拉罐效果

图 12-77　实例步骤分解